Osprey Aircraft of the Aces

# P-40 Warhawk Aces of the CBI

Carl Molesworth

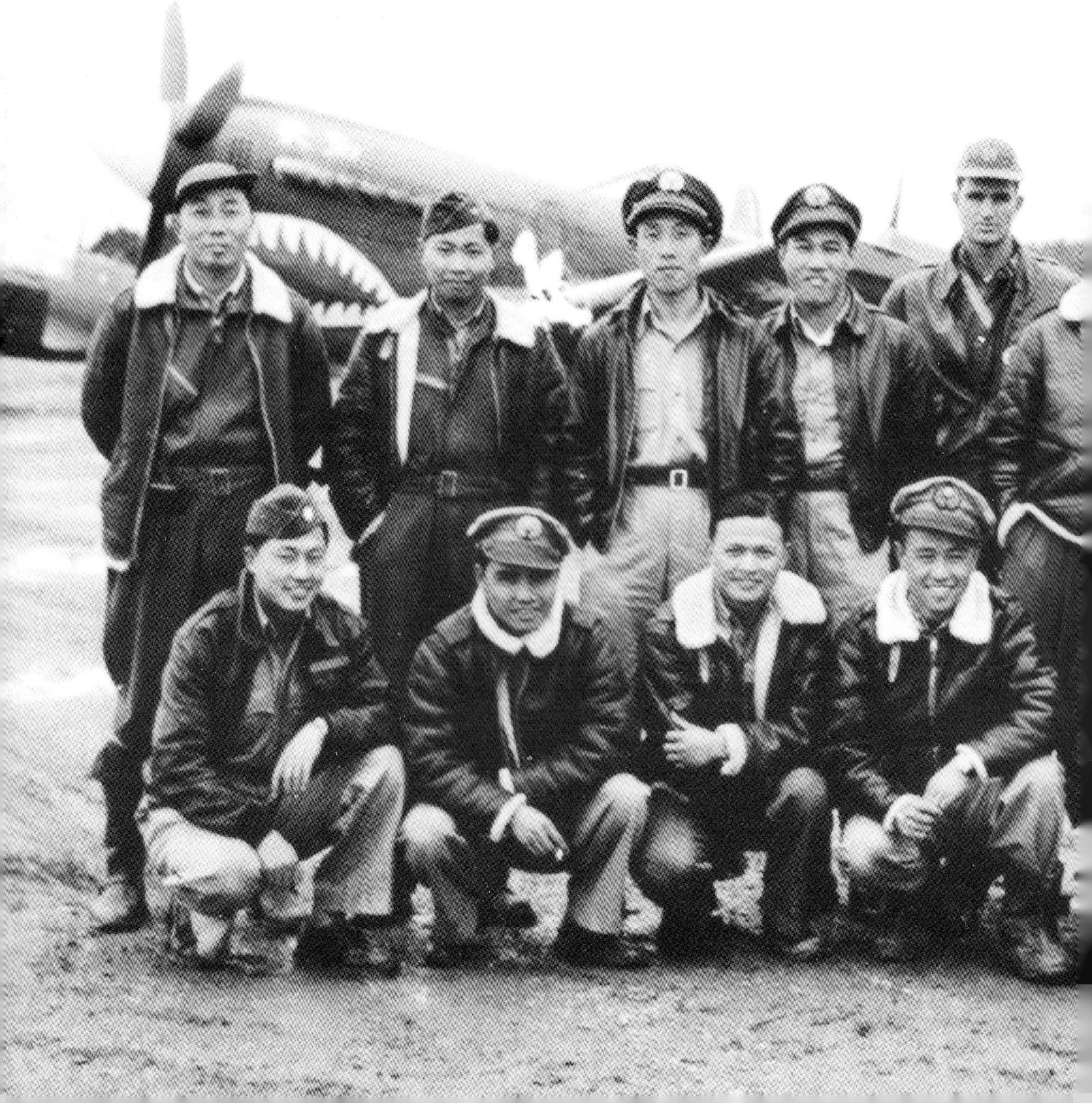

Osprey Aircraft of the Aces
オスプレイ・ミリタリー・シリーズ

世界の戦闘機エース
21

# 太平洋戦線の
# P-40ウォーホークエース

[著者]
カール・モールズワース
[訳者]
梅本 弘

大日本絵画

カバー・イラスト／イアン・ワイリー
カラー塗装図／ジェイムズ・ローリエ
スケール・イラスト／マーク・スタイリング

### カバー・イラスト解説
1943年4月24日、14時44分、漢口を基地にする日本陸軍第1飛行団は飛行第25、飛行第33戦隊の一式戦44機で、米陸軍航空隊の零陵基地を襲った。この月は悪天候つづきで、雲は低く雨脚も激しかったが、復活祭前の土曜日、天候は日本軍機が攻撃を試みられるほどにまで回復した。一式戦の群は零陵の南西320km地点で北西に針路を変じた。妙な転針によって意図をくらまし奇襲を試みたのだ。この策略によって、日本軍は米陸軍機を地上で捕捉しようとしたのである。一式戦にとっては不幸なことに、地上にいた中国の対空早期警戒網が漢口を離陸した時点から日本編隊の動きを逐一追跡していたため、第23戦闘航空群は零陵基地を護るため14機のP-40を出動させる時間をたっぷりと得た。
米軍パイロットは基地の南東16kmほどの地点で日本機を迎え撃った。第75戦闘飛行隊史によれば、一式戦はP-40乗りが「リスの車」と呼ぶ隊形(ラフベリー防御円陣に類似していた)になった。米軍機がいつどうやって一式戦を狙って撃とうとしても、必ず数機の一式戦が後方に回り込んできた。日本戦闘機がいつになく組織だった戦い方をしたので、P-40は効果的な連射を見舞えるほど長く射撃位置に留まれなかった。にもかかわらず、第75戦闘飛行隊随一のエース、ジョン・ハンブシャー大尉は一式戦撃墜1機を報じ、飛行隊のパイロット3名も各1機撃墜を報じた。日本軍は撃墜3機を報じているが、P-40は1機も失われなかった。
この空戦は常にない55分もの間つづき、終盤にさしかかるころ、双発戦闘機が零陵の上空でP-40のパイロットに「決戦を求める」ビラを撒いていった[独飛18中隊の百式司偵であったと思われる]。この日本機は、ハンブシャーによる160kmあまりもの追跡の末に撃墜された[4月24日、25、33戦隊は一式戦44機で零陵を攻撃。33戦隊は一式戦1機喪失(山本安治伍長戦死)。P-40撃墜3機を主張。独飛18中隊は百式司偵1機喪失(小黒栄蔵中尉、佐久間喜壮少尉戦死)。第75戦闘飛行隊は一式戦4機、二式複戦1機撃墜を主張。損害なし]。

### カバー裏写真解説
1943年後半、チェンクンで次の作戦に備える第51戦闘航空群第16戦闘飛行隊のP-40K型とM型の列線。前列のK型はシャークマウスの上に「レディ・エレノア」の愛称を入れている。

### 訳者覚え書きと凡例
■著者モールズワース氏は撃墜戦果報告に対しては慎重な姿勢をとっているが、著述に当たって日本側資料を調査した形跡はなく、原書にある戦果報告は米軍側資料にのみ基づく一方的なのに終始している。そこで訳者は、原書にあった撃墜戦果のうち、日付と場所が確定できるものに関しては、できるかぎり他の日米資料を参照し、その傍証、反証を整えた。また日本語版出版に際しては、戦闘の様相をより正確に再現するために、米軍の損害記録も併記した。
( )は著者による注
[ ]は訳者、編集者による注
日本側部隊名称は煩雑を避けるため、以下のように略記した。
第204海軍航空隊　　→204空
飛行第64戦隊　　　　→64戦隊
独立飛行第83中隊　　→独飛83中隊

■本書に登場する米側の航空組織については、以下のような日本語呼称を与えた。
American Volunteer Group: AVG→米義勇航空群
**米陸軍航空隊**(USAAF＝United States Army Air Force, Army Air Force)
Air Force→航空軍、Command→集団、Wing→航空団、
Group→航空群、Squadron→飛行隊、Flight→小隊、
Air Commando Group→特任航空群。

翻訳にあたっては「OSPREY AIRCRAFT OF THE ACES 35　P-40 Warhawk Aces of the CBI」の2000年に刊行された初版を底本としました。
中国の地名については、原書では現在主流となっている中国語のローマ字表記(ピンイン、ウィード式)等に必ずしも則っておらず、米国主体の表記には混乱もみられましたが、翻訳の課程ではほぼ特定いたしております。本書では、原書の意図を尊重し、米軍における当時の表記をもとに、カタカナ書きのルビで読みを付しました。[日本語版編集部]

## 目次 contents

**6** はじめに
introduction

**7** 1章 中国航空任務部隊
china air task force

**44** 2章 密林の戦闘機隊
jungle fighters

**63** 3章 中国での戦力強化
china build-up

**77** 4章 長き退却
the long withdrawal

**90** 付録
appendices
中国・ビルマ・インド戦域のP-40部隊
中国・ビルマ・インド戦域のP-40エース

**33** カラー塗装図
colour plates

**94** カラー塗装図解説

## introduction

# はじめに

　軍事史家たちは、米国が第二次大戦に参戦したとき陸軍航空隊の第一線戦闘機であったカーチスP-40を、さほど好意的に評価していない。P-40は、真珠湾では地上で捕捉され、フィリピンとジャワの上空ではA6M零戦に手ひどく打ちのめされた。つづく数年、P-40は豪北とニューギニアで、より強力な新鋭機が配備されるまでのあいだ、かろうじて前線を支え続けた。

　遙か遠隔の地でのみ、P-40ウォーホーク［主戦論者、タカ派］は、同時期、同種の最優秀戦闘機に比肩し得るほどの戦果を記録した。これほどまでに、米国民の想像力をかき立て、魅惑した航空機は他にほとんど見あたらない。そんなP-40が飛んでいた舞台、それが中国・ビルマ・インド戦域（CBI）であった。当初は伝説的なクレア・リー・シェンノートの米義勇航空群（American Volunteer Group ; AVG）［フライング・タイガーズ］のもとで、後には中国と米国の操縦者により第10、第14航空軍のもとで、P-40はビルマ、中国の空を制したのであった。かれらは1942年に中国の非占領地区、ビルマ北部とインドのアッサム峡谷の制空権を確保、その後も決して譲らなかった。

　本書では米義勇航空群の詳細については言及しない、これは本シリーズにおいて別の一冊を構成するに値する事柄である。だが、もし米義勇航空群の確実撃墜戦果を中国・ビルマ・インド戦域における総戦果に加えるなら、同地のP-40乗りは973機の撃墜を公認されることになり、これは同戦域で米軍操縦者が落とした総戦果の64.8パーセントに当たる。

　戦闘機と戦闘機乗りをどんな風に語るにしても、斯様な数値は重要である。戦略、戦術、状況と、人間性などもそれぞれ大切だが、結局、詰まるところは、出撃から戻った操縦者に対する「何機やったんだ？」という、いつもの質問に尽きることになるからだ。

　不幸にも、その問いに正しく答えるのは、空戦の混乱のなかから戻ったばかりで疲れ切っている操縦者にとって、容易なことではなかった。かれが見たと思っていること、覚えていたことは、同じ戦いに加わったかれの僚機の証言とさえ食い違っているかもしれないのである。結局、さまざまな話を集め、選別する飛行隊の情報将校の手に委ねられることになる。第10、および第14航空軍は撃墜認定に同じ基準を適用し、他の戦域でと同様、撃墜認定という「あやふやな科学」に於いて最善を尽くしていた。

　それを知った上で、歴史家は各操縦者や、部隊の公認撃墜数を慎重に斟酌しなければならない。認定作業によってもたらされた数字は相対的に適正なものであろうが、限界はある。たとえば、本書の巻末付録に、中国・ビルマ・インド戦域でP-40でそれぞれ13機を落とし、同点となったトップエースが3人いる。実際、かれらがそれぞれ正確に航空機13機を落としたかどうか、確認することは不可能だが、少なくとも非常に優れた戦闘機乗りたちであったことは間違いない。

　同様に「エース」の称号も注意深く取り扱わなければならない。米陸軍航空隊は、撃墜5機を公認された操縦者に非公式ながらエースの称号を与えていた。5機という、その数自体には何の根拠もないが、空中戦の功績に対する評価基準としては非常に効果的なものであった。一方、中国・ビルマ・インド戦域の米戦闘機乗りにとっては、エースの地位の獲得だけが功績のすべてではなかった。かれらの大半にとって、空戦の機会は非常に希であるか、まったく得られないものであったからだ。中国・ビルマ・インド戦域は戦闘爆撃機の檜舞台であった。同戦域で活躍したエースたちも、空戦より、地上目標の機銃掃射や爆撃に費やした時間のほうが多かった。

　第10、第14航空軍の戦闘機乗りたちにとって幸いなことに、P-40は空戦に強いだけでなく、優れた地上攻撃機でもあった。戦闘機としては欠点もあるものの、低空では高速で、重武装、そして特別に頑丈だった。さらに重要なことに、他に米戦闘機がなかった当時、カーチスP-40は数を揃えることができたのである。操縦者は好悪に関わらず、P-40で飛ぶしかなかった。そして、栄冠を摑んだ。

カール・モールズワース
ワシントン
2000年8月

## chapter 1
# 中国航空任務部隊
china air task force

　目立つ機首に恐ろしげな「シャークマウス」[サメの口]を描き、永遠なる第二次大戦のイメージのひとつとなったカーチスP-40は、とんがった鼻面、ぴんと張った主翼、丸い尾部には色気さえ感じられる、堂々たる航空機である。写真や絵画、漫画にまで登場し、屈強で派手な、そして少し気取った、米国の戦争努力の象徴になった。

　皮肉なことに、P-40の祖先は、空冷エンジンを備えた、なまくらな機首のカーチス75「ホーク」であった。H-75型が設計されたのは1934～1935年、1938年にはP-36として米陸軍航空隊に就役した。同機は、扱いやすい飛行特性で、時速は480km/h以上も出る、平時に乗るには素晴らしい飛行機だった。それに加えて、比較的構造が簡単な空冷エンジン機は整備保守も楽だった。欧州に大戦が近づいてきた1939年までに、英国とドイツではP-36では手に負えない戦闘機が完成されていた。特に英国のスピットファイアと、ドイツのメッサーシュミットBf109は、液冷エンジンを備えた優美な機体だった。

　米陸軍航空隊は、戦闘機部隊を拡充する必要があることを認識し、欧州の最新機に匹敵する新鋭機の開発を、米国の航空産業へ申し入れた。カーチス社はP-36の空冷エンジンを、新型のアリソンV-1710液冷に換装することを提案した。陸軍はこの提案の、とくにカーチス社が手早く新型機を作れるというところが気に入り、500機もの生産発注を契約した。こうしてP-40が生まれた。

　液冷エンジンはカーチス機の最高速度を80km/h以上も速くはしたものの、P-36に比べて、他の飛行性能を変化させた。大きな重量の増加で、上昇力と、運動性能を低下させたうえ、最大の短所はアリソンエンジンがその能力を最大に発揮するのが、当時の欧州と日本の戦闘機の常用高度よりずっと低い、高度4500mであったことだ。未だに、戦闘機は低高度で、近距離作戦を行う兵器であると見なしていた頭の古い米陸軍航空隊の一部は、それをこのエンジンの欠陥とは思わなかったのだ。

　こんな欠点にもかかわらず、最初のP-40が米陸軍戦闘機隊基地に到着したのは1940年の5月であった。エンジンの強いトルク、主脚の狭い間隔に慣れるまで、操縦者たちは離着陸に手こずった。とはいえ、ひとたび舞い上がれば、操縦者の多くが降下するP-40が得る高速ぶりに強い印象を受けた。

　第二次大戦の勃発とちょうど時を同じくして、カーチス社は新型戦闘機の生産にかかった。英国、フランス、ギリシャ他、ドイツ軍の電撃作戦に対する防戦に苦闘する国々は、未来の連合国、米国に助けを求め、その兵器産業からそれを得た。カーチス社は、英空軍で「トマホーク」[戦斧]と呼ばれるP-40の輸出型H-81の製造契約を結んだ。同機の大半は北アフリカ戦線に送られたが、100機は中国に割り当てられ、1941～1942年にわたって、米義勇航空群に配備されることになる。

1940年、カーチス社は、さらに強力な新型のアリソンエンジンV-1710-39を搭載するためP-40を改設計した。その戦闘機、H-87型は推力線が変更され、操縦席は大型化されて、搭載火器はすべて主翼に移された。英国人はこの新型機を「キティホーク」と呼び、米軍では非公式に「ウォーホーク」と呼ばれた。将来の大量に作られることになるP-40の各型はすべて、このH-87型を元に改造されたものであった。

　P-40は決して最高の戦闘機だとはいえない、しかし信頼性が高く、攻撃火力が強く、驚くほどひどい戦闘損傷にも耐え、操縦者を生還させた。1944年に生産が終了するまでに、カーチス社はP-40各型を1万5000機以上を製造した。これは第二次大戦中、連合国が生産した他のどんな軍用機よりも多い数であった。

　P-40を好んだ操縦者もいれば、好まなかった者もいるが、世界中のウォーホーク乗りが成し遂げた偉業を無視できる者はいない。かれらはこの機体しかなかったから乗り、善戦したに過ぎない。中国・ビルマ・インド戦域の危険な空ほど、これが如実になったところはない。

## ■中国での長期戦
China's Long War

　1941［昭和16］年12月7日［日本時間は12月8日］に、合衆国を第二次大戦に引きずり込む10年も前から、日本軍はアジアで戦っていた。日本の攻撃が始まったのは1931［昭和6］年9月、この島国が中国東北部の奉天［現・瀋陽］を奪ったときであった。1932年の初頭までに、中国の産業と鉱業の中心地であった満州全体が日本の支配下に入った。日本の行動は協定によって万里の長城の北側に限定されていたにもかかわらず、1930年代中盤を通して、日本軍と中国軍とのあいだに紛争が起こることもあった。そして、1937［昭和12］年、日中のあいだにふたたび戦争がはじまった。

　1937年7月7日、日本軍は北京に近いマルコ・ポーロ橋［蘆溝橋］で銃火を交わし中国軍を挑発、中国の国民党と共産党は、国土保全のため共同してこれに当たることになった。旬日を経ずして日本は地上部隊を中国に投入、全面戦争となった。戦況は蒋介石総統率いる中国にとって思わしくなかった。北京はたちまち陥落、つづいて1937年12月には南京が、大港湾都市であった広東、内陸の都市、漢口も1938年10月に落ちた。1939年2月には南シナ海の海南島が侵され、そのころまでには中国本土での抵抗もほとんど終息していた。日本はふたたび満州に関心を向け、1939年5月から9月にわたってソ連邦に対する苦しい戦い［ノモンハン事件］を演じた。

　蒋介石は中国西部の奥地に退き、四川省の重慶に首都を定め、数百万人もの避難民がそれに従った。もはや日本は、中国の主要な海港と、中国東部を走る交通の要衝のすべてを占領していた。中国は、英国の支配下にあるビルマのラングーン［現・ミャンマーのヤンゴン］の港から中国南西部の昆明に至る1300km余りものか細い道だけを残して、全世界から孤立したのである。この道はその後「ビルマ・ロード」［ビルマ公路］として世界に知られるようになる。

　中国空軍は、米国、ソ連、イタリアなどから輸入した航空機を使って日本と立派に戦っていた。この孤立した成功は米陸軍航空隊を退役し、1937年に中国に渡り、中国空軍に戦闘訓練を施したパイロット、クレア・リー・シェンノート大尉の功績に負うところが大きい。飛行学校を設立したシェンノートは、蒋介

石に航空機の購入と、対空早期警戒網の設立について助言した。いくつかの資料によれば、シェンノートは偵察に飛び、日本機と交戦したことさえあったというが、かれの飛行記録にその件についての記載は一切見られない。

中国のささやかな空軍は、日本が戦争に打ち勝つため、次第に数を増やしていった近代的な軍用機の群に、徐々に圧倒されていった。1940[昭和15]年4月、重慶に対する連続空襲が始まり、帝国海軍の新型戦闘機、三菱A6M零戦は生き残っていた中国の防空戦闘機隊をたちまち掃滅してしまった。しかし、そのときまでにシェンノートは日本機の性能、日本人パイロットと指揮官たちの戦略、戦術などに対する知識というかけがいのない資産を手に入れていた。

日本による中国人に対する理不尽な破壊行為に奮起したシェンノートは、かれの知識を有用に使おうと決意した。1940年10月、かれは合衆国に中国の防空を支える新型機の譲渡を依頼するため、駐米中国大使、宋子文とともにワシントンDCを訪れた。

## 米義勇航空群
### American Volunteer Group

計画は単純だった。米国の近代的な戦闘機とパイロット、それを飛ばし続けるための整備技術者を確保すれば、蒋介石は即席空軍を得られるわけである。しかし、欧州での戦争は連合軍にとって不利で、辺鄙なアジアでの戦争に回せる飛行機はなかった。

米産業界は英国と、軍備強化にかかった米軍のために、夜を日に次いで軍需物資を生産していたが、法的に合衆国は、まだ中立ということになっていた。こんな事情に加えて、シェンノートと宋は、もうひとつ別の障害に直面していた。当時、日本帝国と合衆国の間には諍があり、ワシントンの政治家たちは事態をさらに悪化させるようなことを厭っていたのである。にもかかわらず、その年の暮れまでにシェンノートと宋は、難関を打ち破った。

合衆国と中国との取り引きによって、蒋介石は欲していた物のすべてを手に入れたわけではなかったが、ビルマ公路を日本軍の空襲から護るために不可欠であった戦闘機100機は入手でき、打ちのめされた中国に対する最後の補給線は確保された。米国の義勇軍パイロットと、地上勤務者は、軍務から離れることを許可され、1年間、中国で戦うという契約に署名することになる。乗機は、米陸軍戦闘機隊に多数配備されているP-40の輸出型である「トマホーク」になるだろう。シェンノートは同部隊の指揮官となり、同部隊は米義勇航空群と呼ばれるようになった。

米義勇航空群の新兵たちは合衆国中の陸軍、海軍、海兵隊の飛行場から舞い上がり、志願書類に署名した。その間、海路、トマホークをビルマのラングーンへ運ぶ算段が為され、機体はそこで組み立てられることになった。1941[昭和16]年7月、米義勇航空群の空中、地上勤務者たちは英空軍がビルマの密林の奥深く、ラングーンからシッタン河を240km遡ったトングーに建設した基地で訓練をはじめた。日本が12月のはじめに真珠湾を攻撃するまでに、米義勇航空群はシェンノート直伝の対敵戦術に熟達していた。

日米開戦の直後、シェンノートはビルマ公路防衛のため、かれの部隊を公路の両端に分割配備した。かれは1個飛行隊を、大港湾都市であるラングーンを基地にしていた英空軍のもとに置き、残り2個飛行隊は仏印[現・ベトナム]の日本軍航空部隊基地からの攻撃圏内にあった昆明に配置した。

クレア・リー・シェンノート、どこから見ても伝説的な人物だった。これは1944年に撮られた写真だが、かれは1941〜1942年、米義勇航空群の指揮官として世界的に有名となり、米陸軍航空隊の中国航空任務部隊、次いで第14航空軍の司令官となった。

2週間後、米義勇航空群は初陣を迎えた。1941年12月20日、双発爆撃機キ48九九双軽の小編隊が戦闘機の護衛なしで昆明を攻撃したのである。米義勇航空群のトマホークは、目標上空から帰途についた編隊を捉え、猛攻撃を加えた。空戦が終わったとき、米義勇航空群は損害なしで、撃墜4機、不確実撃墜2機を公認された［1941年12月20日、ハノイ基地を離陸した独立第21飛行隊の九九双軽10機は昆明で米義勇航空群のP-40と交戦、双軽3機が撃墜され、残り全機が被弾、空中勤務者14名が戦死。米義勇航空群は9機撃墜を主張したが、1機500ドルの撃墜ボーナスは4機分しか支払われなかった。P-40喪失1機（燃料切れ、野菜畑に胴体着陸、生還）］。

　開戦初頭の数週間、勝利の報道に飢えていた米国の報道陣は、昆明邀撃戦を大勝利と喧伝した。初交戦から数日、雑誌『タイム』は米義勇航空群に「フライング・タイガーズ」［飛虎隊］の異名を奉り、その伝説が誕生した。シャークマウスを描いたトマホークの報道写真の出現が、米国民の興味と愛着をさらに煽った。

　日本軍の関心は、ビルマ公路のもう一方の終点へと移った。新たに獲得したタイ国の飛行場から、自慢の戦闘機とともに爆撃機が12月23日、25日、ラングーンを襲った。米義勇飛行隊の第3追撃飛行隊は、ブルースター・バッファロー戦闘機をもつ英空軍の第67飛行隊とともに、両空襲の邀撃を成功裏に終えた。実際、第3追撃飛行隊だけで合計35機もの撃墜戦果を報じ、以後、米義勇航空群の名望はますます潤色されて行くことになる［連合軍は両日で撃墜42機を主張、実際に撃墜された日本機は16機、連合軍損害は10機。12月23日、米義勇航空群は、九七重爆撃墜10機、不確実5機。九七戦撃墜1機、不確実1機を主張。P-40喪失4機（戦死2名、落下傘降下、不時着各1名）。第67飛行隊は九七重爆撃墜3機、不確実1機を主張。バッファロー不時着2機。98戦隊九七重爆二型喪失2機（戦死12名、捕虜3名）。62戦隊九七重爆一型丙喪失5機（うち1機は高射砲による直撃。戦死29名）、10機被弾。77戦隊（九七戦）はスピットファイア7機、バッファロー2機撃墜を主張、損害なし。25日、米義勇航空群は、九七重爆16機、零戦8機撃墜を主張。P-40喪失2機（両機とも不時着生還）、被弾3機。第67飛行隊は九七戦撃墜3機、不確実1機を主張。バッファロー喪失4機（戦死4名）、被弾大破2機。12戦隊は九七重二型爆喪失4機（戦死20名、捕虜1名）、不時着1機（全員生還）。64戦隊は一式戦喪失2機（戦死2名）。77戦隊九七戦喪失2機（戦死1名、捕虜1名）、不時着1機］。

　米義勇飛行隊は、その後も2カ月にわたってラングーン上空で戦い、空戦での勝利にもかかわらず、英軍および植民地軍の地上部隊はビルマでの日本軍の進撃を阻止することはできなかった。ラングーンは1942［昭和17］年3月9日に陥落、米義勇航空群は北方の中国へ向かう退却の後衛を務めることになった。トングー、マグエ、プローム、そしてラシオ、ひとつ、またひとつと基地を奪われ、5月1日、ローウィンからも退き、米義勇航空群はとうとうサルウィン河西岸にあった最後の基地を失った。それから、2カ月後に解体されるまでのあいだ米義勇航空群は中国領から作戦することになった。

## 米陸軍航空隊への編入
Enter the USAAF

　ビルマから米義勇航空群が飛来してから、湘江河谷（シャンチャン）の天候は荒れ模様であった。中国の湖南省から遥かに北でも、厚い雲と降雨が雨季の訪れを告

げていた。こんな天気にもかかわらず、衡陽(ホンヤン)飛行場にいた米義勇航空群第2追撃飛行隊は、6月22日朝、揚子江を北上していた日本軍の物資を積んだ小船舶を機銃掃射するという作戦を成功裏に終えた。米義勇航空群の短い歴史の後半、第2追撃飛行隊は、より強力な6挺の .50口径（12.7mm）機関銃を備え、主翼と機体に爆弾懸吊架を備え、もともとあったトマホークよりも地上攻撃に適したP-40Eウォーホークを配備された。

13時20分、中国の早期警戒網から14機のキ27九七戦「ネイト」が飛行場に接近中という警報が発せられたとき、昼近く、衡陽に戻ってきていた飛行隊長エド・レクターが率いるウォーホークは、まだ燃料と弾薬の補給をつづけていた。レクターは河沿いに80kmほど西方の桂林(クウェイリン)に基地を構える第1追撃飛行隊に狂おしく救援を求め、自らは7機のウォーホークのうち1個小隊を率いて接近中の敵機邀撃のために離陸した。レクターとともに緊急離陸した操縦者3名は、第1追撃飛行隊のチャーリー・ソーヤー、第3追撃飛行隊のロバート・「キャットフィッシュ」［ナマズ］・レインズ、米陸軍航空隊からきた新人のアルバート・J・「エイジャックス」・ボームラー大尉であった［エイジャックス＝Ajaxはトロイア戦争の勇者の名］。

真珠湾が攻撃されたとき、日付変更線の東にあった米航空部隊基地の所在地はフィリピン諸島だけだった。陸軍の第24追撃航空群のP-40が、フィリピン上空の日本機に、たちまち叩きのめされてしまったにもかかわらず、同じ飛行機を使っているシェンノートの米義勇航空群がビルマと中国で赫々(カッカク)たる戦果をあげていることは、ワシントンの注意を惹かずにはおかなかった。またワシントンでは米義勇航空群が臨時編成の部隊であることも良く知られていた。1942年7月の初めに、部隊人員の契約が切れ解隊されたら、中国での航空戦は米陸軍航空隊が引き受けることになるのだ。先を見越した陸軍は、中国の米義勇航空群のもとに、わずかだがパイロットを送り込み、かつこれから協力しうることを伝えた。

「エイジャックス」・ボームラー大尉もそのひとりであったが、米義勇航空群に送られた他の操縦者とは違って、かれには戦闘経験があった。まず1930年代中盤、米陸軍航空隊に奉職、その後退職して1936〜1937年、スペインで人民戦線の戦闘機乗りとして飛んだ。前線での7カ月間で、撃墜4.5機を報じた後、ボームラーは帰国し米陸軍航空隊に復帰した。1941年、米義勇航空群に参加するため、ふたたび辞職しようとしたが、中国に向かう最初の試みは、真珠湾攻撃によって妨げられ、かれは陸軍航空隊に戻った。しかし、かれはまだ紙上の存在でしかなかった第23戦闘航空群の隊員として、まんまと中国への派遣割り当てを獲得した。1942年5月、ボームラーはとうとう昆明に到着し、翌月、もっとも東にある米義勇航空群の基地、衡陽へと旅だった。

さて、米義勇航空群の交戦、1942年6月22日、衡陽上空で起こった空戦は成功裏に終わったが、とくに珍しいことではない。天気が悪く、桂林からのP-40は衡陽の戦闘に加勢できなかったので、レクターと部下はかれらだけで戦った。この戦闘の明確な記録は残されていないが、損害なしに日本戦闘機を4機撃墜したと伝えられている［6月22日、白螺磯に来襲、砲艦隅田を銃撃（戦死9名、負傷18名）した4機のP-40を、54戦隊は九七戦で衡陽に追尾攻撃、喪失1機（戦死）、被弾大破1機。P-40撃墜2機（うち不確実1）を主張］。

「エイジャックス」・ボームラーが得た最初の航空殊勲賞の勲記はその日、キ27撃墜1機を公認しているが、この単独戦果はかれにエースの称号を与えた

ばかりでなかった。かれは中国・ビルマ・インド戦域で初めて撃墜戦果を報じた米陸軍航空隊のパイロットとなった。

同戦域航空戦初期の勇者のひとりとして、ボームラーは中国で、戦闘機乗りとして、また飛行隊指揮官として来るべき激動の何年かのあいだ忘れがたい業績を記すことになる。

## 米義勇航空群よさらば
### Goodbye to the AVG

1942年7月4日、ボームラーの戦果から2週間もたたないうちに、米義勇航空群は消滅した。米義勇航空群に代わる米陸軍航空隊の第23戦闘航空群にはまだ戦闘経験がなく力不足だったので、つづく数カ月間は中国の連合軍にとって試練のときとなった。インドに司令部を置く、第10航空軍の幹部将校たちは米義勇航空群の隊員をひとまとめにして、同戦域にやってくる米陸軍航空隊に取り込む試みをしくじった。実際、シェンノート自身とたった5名の操縦者、一握りの地上勤務者だけが、米陸軍航空隊に加わるために中国に残留した。

米義勇航空群の活躍によっていまや世界的に有名になったシェンノートは准将の階級を与えられるとともに、第10航空軍に属する中国航空任務部隊(China Air Task Force: CATF)の指揮官に任命された。かれは49歳、きわめて健康ではあったが、5年間にわたる日本軍との戦いで消耗しかけていた。中国航空任務部隊は小さな部隊で、P-40を配備された第23戦闘航空群と、ノースアメリカンB-25双発爆撃機をもつ、第11爆撃飛行隊(中型)からなっていた。当初、第23戦闘航空群、第74、第75、第76戦闘飛行隊の装備は、米義勇航空群が残していった48機のH-81トマホークと、P-40E型との混成であった。中国航空任務部隊の編成から数日、インドを基地にする第51戦闘航空群(第2章を参照)の第16戦闘飛行隊がP-40E-1型16機を以て、中国に赴き、分遣隊として第23戦闘航空群に配属された。

ちょうど70機の戦力を誇る中国航空任務部隊は、不敗の敵に直面した。日本軍は蒋介石支配下の中国の側面を東西、そして南から圧迫し、一方、北には未だ日本とは中立状態にあるソ連邦があった。春のビルマの陥落によって、中国は外界につながる最後の途を断たれ、もはや誰も道路や鉄道、船舶によって出入りすることはできない。残された途は空だけであった。

ラングーン陥落につづいて、インド奥地のアッサム渓谷にあるチャブアから、険しいヒマラヤを越えて、昆明に至る720kmを輸送機が定期的に通うようになった。かれらは中国で戦う部隊宛の燃料、弾薬から歯磨き粉、落とし紙まで、ありとあらゆる物を運び、この経路はすぐに「ザ・ハンプ」[峰]として世界的に知られるようになった。この補給路を開いておくために、この輸送機の終点である昆明を敵機の攻撃から護ることが、中国航空任務部隊の最優先任

1942年7月、第23戦闘航空群が活動を始めたとき、譲り渡されたほとんどのP-40に入れられていたディズニーが作った米義勇航空群の部隊標識に、アンクル・サムの帽子、日本の旗、中国の青天白日マークが追加された。これは第74戦闘飛行隊のP-40E型のものだが、この時期の典型的なマーキングである。

第74戦闘飛行隊創設当時の操縦者3名、左からアーサー・W・クルクシャンクJr少尉、ロバート・E・ターナー少尉、チャールズ・L・ベアー中尉。クルクシャンクは1942年12月28日に初撃墜を記録、すべての戦果を第74戦闘飛行隊であげ、最初のエースとなった。ターナーは1943年、第16戦闘飛行隊時代に1機を撃墜したが、ベアーは飛行隊による多くの作戦に参加したにもかかわらず、撃墜戦果は1機も公認されなかった［12月28日、該当の空戦確認できず］。

務となった。それに加えて、ビルマ国境と中支で日本陸軍と対峙している中国陸軍の支援を期待されていた。

　シェンノートの兵力は小さく、補給も不十分であったにもかかわらず、どちらもうまい具合に進んだ。かれの基本構想の要は、作戦地域全体に広がる早期警戒網の保持であった。警戒網は複雑な蜘蛛の巣状の対空監視哨で、構成員の多くは中国の一般市民で、網の目のようにつながり、電話や無線で連絡をとっていた。シェンノートは、1937年にやってきたときにはもう警戒網の構築に着手していたので、いまや中国東部、日本軍戦線の背後にもたくさんの監視哨が存在した。無線の専門家であるジョン・ウィリアムズの指導の元、1940年以来、早期警戒網は大きく成長し、情報は収集され指揮所に送られ、そこで邀撃指揮官がシェンノートのささやかな戦闘機隊を、接近中の日本機の編隊へと導くのである。

　早期警報網は、日本機が漢口周辺にある飛行場を離陸した途端から機能し、シェンノートは昆明で、1300km余りも先のことを数分以内に知るといわれていた。早期警戒網が、日本機による空襲の事前警報を発せないのは、ごく希であった。警戒網への信頼があったからこそ、シェンノートは地上で捕捉、破壊されることを恐れず、貧弱な部隊を日本軍の前線近くの前進飛行場に分散させることができたのである。

　中国にあったシェンノートの飛行場の位置と状態も、かれの利点であった。警戒網同様、雲南省の昆明飛行場は常に改良工事中で「ハンプ越え」を終えた輸送機の中国への入り口として機能するばかりではなく、シェンノートと中国航空任務部隊の司令部でもあった。昆明から、ビルマの日本軍の最前線基地、ラシオまでは南西に約480km、もうひとつの強力な基地、ハノイまでは南方に530km、そして蒋介石の首都、重慶までは北に610kmであった。

　昆明から東に680km飛ぶと、中国航空任務部隊のもうひとつの主要基地、桂林があり、さらに170km行くと零陵、100km先には衡陽があった。これら3つの基地から、中国航空任務部隊は、日本軍支配下の広東、沿岸の香港、北方の漢口周辺を攻撃することができた。事実上、シェンノートには、すぐに使える、あるいは建設中の飛行場が数十もあった。うちいくつかは、日本軍前線の背後だが、まだ占領されておらず、中国の非正規軍が支配している地域にあった。

　実質的に、中国の飛行場はすべて、人の手で作った砕石砂利の滑走路であった。表面は舗装されたもののように平滑ではなく、飛行機のタイヤを痛めたが、破壊することは不可能に近かった。直撃した爆弾が滑走路に大穴を穿っても、大勢の中国人労働者がツルハシやシャベル、手押し車、人力で引くローラーなどでたちまち修理してしまった。日本軍の爆撃機が基地に帰る前に、滑走路はまた使えるようになっていた。

　中国航空任務部隊が生まれたとき、シェンノートの掌中にあったもっとも重要な切り札が、かれとともに中国に留まり、陸軍航空隊への参加に同意した

わずかな数の旧米義勇航空群の隊員であったことに異論を差し挟む者はいないだろう。そのなかに操縦者はたった5名しかいなかったが、シェンノートが第23戦闘航空群の新しい各飛行隊を作りあげるために必要だった基幹要員となった。フランク・シールJr、デイヴィッド・L・「テックス」[テキサス人]・ヒル、エドワード・F・レクターの各少佐はそれぞれ第74、第75、第76戦闘飛行隊の指揮をとり、ジョン・G・「ジル」・ブライト少佐は第75戦闘飛行隊でヒルを補佐し、チャールズ・W・ソーヤー大尉はレクターとともに第76戦闘飛行隊で任務に就くことになった。それに加えて、米義勇航空群の操縦者18名が、米陸軍航空隊からもっと飛行士が補充され、中国航空任務部隊が前線を保持できるようになるまで、7月4日から2週間、帰国を遅らせることに同意した。

　シェンノートは、さらに第23戦闘航空群の指揮官となる将校を必要としていたが、ウェストポイント[士官学校]を卒業し、ディンジャンからアッサム、ビルマを経てハンプ越えをして、中国への機体を空輸していた34歳のロバート・J・スコットJr大佐を見いだすことができた。ふたりは、スコットがこの戦域に着いて間もない5月に出会い、戦前の追撃機操縦者であったかれはシェンノートを説得して、ハンプの西外れを哨戒できるようディジャン基地にあった米義勇航空群のP-40E型を1機借りだした[詳細は、スコット大佐の著書の邦訳『フライング・タイガー(神は我が副操縦士)』石川好美訳・1988年・朝日ソノラマ刊を参照]。

　1942年下旬、スコットは第23戦闘航空群の指揮をとる準備のため、昆明へと召喚された。航空群が作戦行動を開始した7月5日には、まだ管理上の用件を残していたかれは基地で働いていたので、シェンノートはスコットの到着まで、第23戦闘航空群の指揮をとってくれるよう、米義勇航空群の残留者のひとりで、かつて第1追撃飛行隊の指揮をとっており、中国戦線随一のエースとして13機撃墜を公認されていたボブ・ニールを説き伏せた。

　同じ日、中国航空任務部隊は初めての戦闘機作戦を行った。「テックス」・ヒルは9機のP-40を率いて昆明から桂林に進出し、第75戦闘飛行隊の指揮を引き受けた。同飛行隊は衡陽を基地にすることになり、ヒルの部下操縦者のなかには「ジル」・ブライト、「エイジャックス」・ボームラー、陸軍航空隊出身の中尉4人、とわずかな数の米義勇航空群員がいた。その日、エド・レクターとチャールズ・ソーヤーは、衡陽から、第76戦闘飛行隊が基地にしていた桂林へ

エドワード・レクター少佐は、「フライング・タイガーズ」が解隊されたときに中国に残り、米陸軍航空隊に参加した操縦者のひとりであった。かれは1942年7月から11月にかけて、第23戦闘航空群、第76戦闘飛行隊の指揮官を務め、1944年、中国に戻ってからは終戦まで第23戦闘航空群の指揮官を務めた。レクターは米義勇航空群時代に撃墜4.75機を公認され、第23戦闘航空群では3機を落とした。

このホーク81-A-2(中国空軍シリアル番号P-8194)は米義勇航空群随一のエース、第1追撃飛行隊の指揮官、ボブ・ニールの個人専用機であった。「古参の7」号機は、1942年7月4日、米義勇航空群が解体されると、第75戦闘飛行隊に引き渡されたが、2週間後、中国を離れるまでニールはこの機体で飛び続けた。13機撃墜のエースは、1942年5月から7月に、本機で確実撃墜1機、不確実4機の戦果を報じている。

と飛んだ。同飛行隊にはさらに小規模な陸軍操縦者の一団、3名の中尉がおり、さらに何人かの米義勇航空群員がいた。

　フランク・シールはそんな問題は抱えていなかった。昆明で、第74戦闘飛行隊は、18名の陸軍操縦者で充当されたのである。しかし、かれらのうち、ほんの何日かですら中国に居たことがある者はひとりもなかった。シールは昆明の防空を引き受けると同時に、「教育飛行隊」の指揮官として、部下にシェンノート流の戦術を教え込む責任を背負い込むことになったのである。

　第23戦闘航空群の3個飛行隊は米義勇航空群から飛行機を引き取り、P-40のほとんどは、マーキングを塗り替えもせずに使われた。たとえば、第74戦闘飛行隊のトマホークの大半は、第3追撃飛行隊から引き継いだ機体で、旧飛行隊色であった赤い帯を胴体後部に描いたままであった。同様に第75戦闘飛行隊は、第1追撃飛行隊の色の白、第76戦闘飛行隊は第2追撃飛行隊の青であった。これらの色分けは、第23戦闘航空群が、それらのP-40を使い続けているあいだずっと活用された。各戦闘飛行隊の機体個別番号も、米義勇航空群のやり方に倣い、第74戦闘飛行隊は100番までの数字、第75は151番から191番まで、第76は100番から150番までを使った。

　シェンノートのささやかな戦闘機隊の仕上げは、前述した第51戦闘航空群から分遣された第16戦闘飛行隊だった。この飛行隊は重慶防空のために、おそらくシェンノートに貸与されたのだが、近くの白市駅（ベイシイ）を基地にしていたのはわずか数日で、ハル・ヤング少佐率いる第16戦闘飛行隊は7月12日、零陵に移動した。同隊のP-40E-1型は唯一、機体に米軍の国籍マークを描いていたので、他の3個飛行隊の機体とは容易に区別できた。

　第16戦闘飛行隊は未だ公式には第51戦闘航空群の所属であり、機体番号は11番から39番までを使っていた。

　7月6日朝、「テックス」・ヒルは広東の精油所を爆撃する5機のB-25を護衛するため、4機のP-40を率いて桂林を離陸した。小さな編隊は低い密雲の層を抜け、目標のある南方へ針路をとった。幸運にも、広東上空で雲は切れており、中型爆撃機は高度1500mで目標上空へと進入して行った。パール・リヴァー［珠江］沿いの倉庫数棟に直撃弾を見舞い、帰途についたが、広東から50kmばかり離れたところでB-25の操縦者のひとりが、攻撃されているとの無線をよこした。ヒルは周囲の空を眺め回し、雲に他の日本軍戦闘機が潜んでいないことを確かめてから、小隊を率いて九七戦に対する降下攻撃にかかった。

　米義勇航空群で、すでに9.25機撃墜を公認されている古参のエースだった「テックス」・ヒルは、九七戦の群から、苦もなく1機を選び、.50口径［12.7mm］機関銃の連射を放った。その日本機は炎に包まれ、大地に落ちていった。一方、第2編隊を率いていた、もと米義勇航空群のジョン・ペタッチはさらに3機の九七戦と交戦していた。かれは以下のような報告書をしたためている。

　「3機全部がわたしの方に旋回しはじめた。150mで発砲したが、射弾は最後尾機の背後に流れたため、わたしは機首を上げ、敵機の前方を良く狙って1秒間連射。次いで敵機が照準のど真ん中に入ってきたため、銃弾はすれ違うとき敵機を掃射した。敵機の主翼には大きな破孔が見え、他の2機がわたしへの攻撃航過にかかったため、上昇し、振り払った。戦闘空域から、約5km北にさらに2機いるのが見えた。敵機の方へ旋回、すると連中、今回は山の方へ機首を転じ逃げ出した。1番機がちょうど山の頂上をぐるりと回ったとき、わたしは2番機に追いついた。1秒間の連射を放つと敵機は炎を噴出し、激しく

ダラス・A・クリンガー中尉は、1941年8月、飛行学校から直接に第23戦闘航空群、第16戦闘飛行隊に派遣された操縦者のひとりだった。かれは1943年のはじめに第74戦闘飛行隊に転任になるまでに、4機撃墜を報じた。5機目の戦果となった一式戦は、1943年5月15日、日本軍による昆明空襲の際に報じられた。中国・ビルマ・インド戦域にいた多くの米軍戦闘機乗りと同様、かれも3機の不確実撃墜も含めて、自分が落としたのは零戦だと主張している。

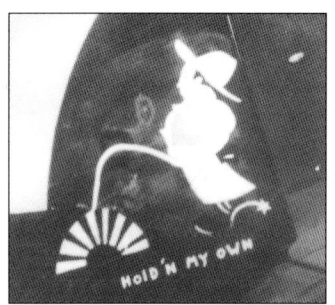

ダラス・クリンガーが乗った機体はすべて、その方向舵の両側に「HOLD'N MY OWN」(「あさがお」に狙いを定めろ)の絵が描かれていた。第16戦闘飛行隊ではP-40E-1型「白の38」に乗り、第74戦闘飛行隊ではP-40K型「白の48」を使っていた。中国にいた連中は、不人気な第10航空軍司令官クレイトン・ビッセル中将への当てつけに「ビッセルへの放尿」と呼んでいた。

燃え続けた。そのときちょうど、ヒルが戦闘を切り上げるよう命じたため、わたしは編隊に加わった」

ヒルとペタッチはそれぞれ九七戦撃墜1機を公認され、後者はさらにもう1機の不確実撃墜を主張した。これが第23戦闘航空群の初戦果であり、中国航空任務部隊は初めての攻撃作戦で多いに得点を稼いだ。4日後、日本軍占領下の臨川(リンチャン)への急降下爆撃を指揮していたペタッチは地上砲火で撃墜され、悲しくも戦死した。もうひとりの米義勇航空群員、アーノルド・シャンブリンもこの戦闘で行方不明となった。かれは脱出して日本軍の捕虜になったと報告されているが、捕虜生活から生還することはできなかった。

7月19日、最後の米義勇航空群の操縦者が昆明で輸送機に乗り、長い帰国の旅についた。そのときまでに、さらに多くの陸軍操縦者が第75、第76戦闘飛行隊に割り当てられた。たとえば桂林にあったレクターの部隊は、かれ自身とソーヤーを含めて13名の操縦者を得ていた。用意が整っていようといまいと、いまや、かれらがここで全てを担わなくてはならないのである。

第23戦闘航空群は挫けなかった。7月20日、慢性病の「テックス」・ヒルは4機を率いて九江への護衛に飛んだ [当時、マラリアと赤痢に冒されていた]。P-40は主翼下に6発の破片爆弾を搭載していた。操縦者たちは部隊の集結地に爆弾を投下してから、2千トンほど河用船舶を機銃掃射し、同船は後に沈没したと報告されている。7月26日、第75戦闘飛行隊は爆装したP-40を7機、南昌(ナンチャン)飛行場へと送り出した。この作戦を指揮したのは、前の週に第16戦闘飛行隊から転属になった新着のジョン・アリソン少佐であった。アリソンはソ連邦で、共産操縦者たちにレンドリース[武器貸与法]によるP-40への転換訓練を施していたという経験豊かな飛行士だった。

## ■ 自力更正
### On Their Own

第23戦闘航空群史初期の数週間、日本軍は中国東部の基地に対して、爆撃機の小編隊による夜間擾乱攻撃を行うという戦術を確立していた。零陵では、第16戦闘飛行隊の操縦者たちが、この厄介な襲撃に対してできるだけのことをした。7月26/27日の夜、かれらのうち2名が飛行場に接近中と報告されていた3機の爆撃機に反撃してやろうと決意したのである。

未来のエース、エド・ゴス大尉と、

1942年秋、以前は飛行隊長ハリー・ヤング少佐の乗機であったP-40E-1型でポーズをとる第23戦闘航空群、第16戦闘飛行隊のジャック・R・ベスト中尉。この古強者は後に「白の27」号機となり「フォガーティ・フェイギン[スリの親玉]III世」の異名をちょうだいする。ベストは1942年2月に第16戦闘飛行隊に配属され、短期間オーストラリアにいた後、中国で確実撃墜1機を報ずる。

1942年7月4日に編成完了した第75戦闘飛行隊で、1カ月以内に撃墜を報じた4名の操縦者たち。左から、ジョン・アリソン少佐、飛行隊長ディヴィッド・「テックス」・ヒル少佐、アルバート・「エイジャックス」・ボームラー大尉、マック・ミッチェル少尉。最初の3人は第23戦闘航空群の著名なエースとなり、ミッチェルは確実撃墜3機、不確実1機、撃破2機の戦果を同部隊で報じ、1944年、ビルマの第1特任航空群で4機目を報じた。

ジョン・「モー」・ロンバード中尉のP-40は、午前1時頃、緊急発進した。最初に離陸したゴス大尉はすぐに編隊灯を点けて飛んでいた爆撃機を見つけた。かれは飛行場の上空で3航過にわたって攻撃し、敵機が明かりを消して闇に紛れてしまう前に、1機を損傷させた。ロンバードは接敵できなかった。この夜、ゴスはふたたび邀撃に上がった。今度はもうひとりの未来のエース、ダラス・クリンガー中尉が僚機として一緒だった。日本軍の爆撃機は零陵に達する前に引き返したため、P-40の操縦者たちは失望し、帰還した［7月27日、衡陽を夜間爆撃した62戦隊の九七重爆は1機が被弾］。

　夜間邀撃を試みたという話はすぐに、第23戦闘航空群全体に広まった。衡陽では、ジョン・アリソンと、「エイジャックス」・ボームラーが夜間邀撃を成功させる案を熱心に練り始めた。7月29/30日の夜、かれらの戦法を確かめる機会が巡ってきた。2機は敵機襲撃の警報に接して午前2時に離陸した。まずアリソンが高度2700m付近で薄い靄を突破した。高度3600mに達する前に、かれは旋回をはじめ、近づいてくる日本爆撃機を見つけるため、闇に目を凝らした。すぐ、かれの無線は出し抜けに、爆撃機は攻撃せずに北から南へと衡陽上空を抜けていったと告げた。次の無線は、日本機が反転し、北側から飛行場に向かっているというものだった。

　アリソンは日本機が靄の下を通って行ったから見つけられなかったのだと推測したが、もしかすると、かれの上空を飛んだのかも知れないとも思った。飛行場の上空を通過するとき、左を見上げると、星々のなかを、隠そうとも隠せない排気管からの炎を赤く光らせた影がいくつか過ぎって行くのを見た。アリソンはP-40を引き起こし、近くにいたボームラーに視界に入ってくるよう呼びかけた。

　アリソンが獲物と同高度、4500mに達すると、双発爆撃機は三度目の飛行場進入を果たすために、右に機体を傾けて180度旋回した。この旋回によって、アリソンのP-40は、1機の爆撃機と月の間に入ることになり、その機の後方射手が真っ直ぐかれに対して発砲した。曳光弾の流れがまずP-40の鼻面を捉え、機体全体にわたって穴を穿って行った。アリソンには機体がどれほど壊されたのか知る由もなかったが、ただちに真っ正面にいる爆撃機を射撃した。6挺の12.7mm機関銃による2秒間の連射は爆撃機を引き裂き、編隊から脱落させた。かれは傷ついたP-40による射撃を右側にいる爆撃機へと転じ、今回の獲物は炎を噴出し、破片を空に散乱させた。衡陽飛行場にいた人々は銃火の応酬を眺め、火の玉が落下するのを目撃した。このときまでにアリソン機のエンジンは煙を噴きはじめ、風防に滑油を吹き付けていた。

　アリソンが攻撃をはじめたとき、ボームラーはまだ数百mも低い高度におり、全力で上昇中だった。かれは最初の犠牲者が他の2機から離れるのを見て、この損傷機を仕留めるのが一番だと決心した。短い追跡の後、かれは爆撃機後方の射撃位置につき、火蓋を切った。爆撃機は炎のなかでもがき回り、大地に突っ込んで行った。この地点で、別の爆撃機の射手が発砲し、ボームラーに対しその存在を明らかにした。かれはその飛行機をおよそ50kmにわたって追跡し、捕捉、空から撃ち落とした。

　その間、アリソンはエンジン不調にもかかわらず、かれが最初に見つけた編隊にいた3機目を求めて戦いつづけていた。その飛行機が爆弾を投下、P-40のエンジンが停まる最後の数秒間に、射程内に捉え、三度目の射撃を行った。今度の射撃は燃料タンクを直撃したに違いない、日本機は文字通り爆発した

のである。ほぼ時を同じくして、アリソン機のエンジンは停まり、静かになった。かれは周囲をよく見るため風防を開き、プロペラが停まった状態での衡陽への着陸を試みるために旋回した。着陸進入にかかると、エンジンカウリングの下から炎が噴き出してきて、一時、眩しくて何も見えなくなった。アリソンは実際、滑走路を飛び越してしまい、最後の数秒間、かれは機体をだましだまし建物や木々を飛び越し、湘江に着水した。

　いまやボームラーも着陸にかかったが、衡陽の滑走路は闇に沈んでいた。第75戦闘飛行隊の隊員2名は、滑走路の両側に角灯の列をうまく作り、ボームラーは安全に着陸するのに十分な明かりを得たのであった。アリソンとボームラーは、この出撃で、それぞれ2機ずつの確実撃墜を公認され、後に両人とも、その果敢さを表彰されることになった〔7月30日、衡陽を夜間爆撃した62戦隊九七重爆3機は全機未帰還となった〕。

　「エイジャックス」・ボームラーは日の出後、程なくしてふたたび出撃した。日本軍がキ27九七戦と、新型の中島キ43一式戦「オスカー」〔隼〕による30機ほどの混合編隊を衡陽に差し向けたからである。「テックス」・ヒルと、「ジル」・ブライト、そしてボームラーは第75戦闘飛行隊と、第16戦闘飛行隊のP-40を率いて離陸、飛行場から遠からぬところ地点、高度5700mで攻撃に入った。ヒルは1機の九七戦に対進攻撃をかけ、空から叩き落とした。日本人操縦者は機首を軸にして背面となり、衡陽飛行場に置かれていたダミーのP-40に向かって急降下していった。しかし、九七戦は囮から15mばかり外れ、滑走路の端近くの地面にめり込んだ〔戦後50年を経て証言したヒル氏の記憶違い？　この日の戦闘に九七戦は参加していない〕。

　空戦は15分ばかり荒れ狂い、ブライトは1機の一式戦の後方から一連射を見舞い、機首を軸に裏返しになったのを見た直後、かれを追尾してきた別の一式戦から逃れなくてはならなかった。優速を利してP-40は緩やかに上昇し、追跡者を振り切った。そうしている間に、かれの僚機は被弾降下した一式戦を追跡し、墜落する前に、さらに射撃を加えた。

　ブライトは戦闘に戻り、九七戦の後方に食らいつこうと試みた。しかし九七戦の操縦者はかれを見つけ、急旋回しブライトのP-40への対進攻撃位置に入った。数分前のヒルの戦果同様、米軍機の重火力はあっさり九七戦を粉砕し、日本戦闘機は急激に機首を上げ、次いで白煙を曳きながら錐揉みに入った。かれを攻撃しようとする別の日本機から逃れなくてはならなかったので、その獲物が墜落するのを待ってはいられなかった。ヒル、ブライト、そしてボームラーはそれぞれ1機ずつの撃墜を公認され、不確実撃墜1機を報じた未来のエース、ボブ・ライリーズ中尉は、第16戦闘飛行隊による大戦初の戦果をあげたとして顕彰された〔7月30日、24戦隊（一式戦27機）、独飛10中隊（一式戦12機）が衡陽に侵攻。独飛10中隊喪失1機（捕虜？）。被弾中破2機。P-40撃墜3機、不確実1機、地上撃破2機を主張。第23戦闘航空群は桂林飛行場の近くに不時着した一式戦を捕獲（後に飛行可能になった）、操縦者を捕虜にした。損害なし〕。

　日本戦闘機は翌、7月31日の朝、ふたたび衡陽にやってきた。今回は第75戦闘飛行隊と、第16戦闘飛行隊から別々にP-40小隊が出て交戦した。また一方的な戦いとなり、第16戦闘飛行隊の未来のエース、エドマンド・ゴス、ダラス・クリンガー、そしてジョン・ロンバードが、それぞれ初戦果を報じたのである。それらに加えてさらに公認された3機の撃墜は第75戦闘飛行隊のブライ

ト少佐、ヘンリー・エリアス中尉、マック・ミッチェル少尉が報じたものであり、まだその朝の後刻、スコット大佐はかれ自身が飛行中、来陽の近くで撃墜2機を報じた。過去31時間の間に、第23戦闘航空群はP-40喪失1機と引き替えに、確実撃墜15機を報じたのである。シェンノートの新人たちは試練を受け、さらなるものへの備えをも固めた。それは中国人をも感銘させた［7月31日、24戦隊は衡陽を攻撃。慣れぬ一式戦一型で降下中に高速で無理な旋回を試み、3機が空中分解（戦死3名）。P-40撃墜4機、不確実2機を主張。第23戦闘航空群損害なし。スコット大佐は来陽付近で戦闘機2機に護衛された爆撃機を発見。爆撃機、戦闘機各1機撃墜を主張。日本側に該当の記録はなく、中山雅洋氏が『中国的天空』でスコット戦果の実否を検証している］。

　零陵の軍民指導者は、第16戦闘飛行隊への感謝を表明し、8月1日、「空の長城」との言葉を入れた青と白の大きな軍旗を寄贈した。この軍旗に描かれた長城にはサメの口と小さな黄色の翼があり、第16戦闘飛行隊の徽章の原案となり、後には同飛行隊所属のP-40ほとんどの胴体に描かれる部隊標識ともなった。衡陽でも、そこを基地とする操縦者と地上勤務者を顕彰する同じような式典が開かれた。

　その後も戦闘はつづいたが、第76戦闘飛行隊は8月8日まで初戦果をあげられなかった。その日、チャーリー・ソーヤーは4機を率いて桂林を出発、広東のホワイト・クラウド［白雲］飛行場を襲うB-25の護衛に飛んだ。以下は、11時36分から始まった当戦闘について書かれた飛行隊史から抜粋したものである。

「爆撃機が目標を攻撃したとき、（パトリック・）ダニエルズ中尉は編隊から離れ、零戦の3機編隊を攻撃した。かれは最初の攻撃から旋回をつづけたが、うしろに回った3機の零戦を振り払えなかった。しかし、かれは出力を全開にして逃げ切った。遙かに遅れた2機の零戦は旋回して離れていったが、3機目の零戦は追跡してきた。ダニエルズ中尉は急反転し、ジャップに対進攻撃を挑んだ。零戦は機首を上げ、P-40の射撃から逃れ、上方からダニエルズ機の風防を撃てる位置を得ようとした。ダニエルズは急激に機首を上げ、6挺の12.7㎜機関銃から放たれた曳光弾は、いましも発砲しようとしていた零戦を貫いた。零戦は炎に包まれ、その機体が山の頂に墜落する前に、操縦者が胴体に這い出してきたのが見えた。爆撃機が帰途につくと、ソーヤー大尉は爆撃機の邀撃にやってくる9機の零戦とI-97（九七戦、あるいは一式戦）の編隊を発見した。かれは編隊から離れ、そちらの方へと向かった。（チャールズ・）ドゥボワ中尉は小隊長が眼下の飛行場への機銃掃射を目論んでいるのだろうと思い、大尉について行った。つづく交戦でソーヤー大尉はI-97を1機撃墜。ソーヤー大尉と、ダニエルズ中尉の戦果は公認された［8月8日、広東、24戦隊一式戦1機喪失（戦死）、2機撃墜を主張。第76戦闘飛行隊は撃墜2機を主張。損害なし］」

　8月11日と17日、さらに戦果が記録されたが、そこで中国での戦争の現実に直面することとなった。弾薬、燃料等の補給品が乏しくなり、天候も悪化、P-40には整備が必要で、操縦者も地上勤務者も疲れ切っていた。シェンノートはかれの部隊を中国東部から、当面のところ引き上げようと決意、第16戦闘飛行隊は白市駅へ、第76は第74戦闘飛行隊とともに昆明に、そして第75戦闘飛行隊は昆明の北東80㎞にある霑益に移動した。

## 兵力伸張
### Reaching Out

　1942年の残りの期間を通して、シェンノートはかれのP-40を中国東部の基地に配置したり、引き上げたりしていた。飛行隊は分割され、飛行戦力が低下しさえしたが、操縦者たちは衡陽、零陵、桂林に短期間進出しては2、3回作戦出撃を行い、ふたたび比較的安全な昆明へと後退した。同時にシェンノートは南の仏印、西のビルマ北部に別の攻撃目標を見い出しはじめていた。

　中国航空任務部隊に対する日本軍指揮官は、高高度偵察機、最初は双発のキ46百式司偵でシェンノート部隊の動静を把握しようとしたが、その1機は9月8日に、第74「教育」戦闘飛行隊の餌食となってしまった。この覗き屋の迎撃を試みるために、1機のP-40が出動し、当時、第23戦闘航空群の作戦将校をしていたブルース・K・ホロウェイ少佐の日記にこの戦闘の模様が書き残されている。侵入はまた中国航空任務部隊が敷いている早期警戒網に発見された。

　「08時45分、保山(パオシャン)付近を敵機1機が通過、また、もう1機が同経路でハノイ方面からやってきている。この機が、200km圏内に入ってから[離陸させたの]では捕捉できない。ここで、わたしはトーマス・R・スミス中尉に、できる限り上昇して基地の上空で旋回していろと指示し、かれのP-40B型、46号機を上がらせた。10時ころ、宜良(イーリャン)(たったの30kmしか離れていない)から頭上で格闘戦中との報告が入るまで何の連絡もなかった。わたしはただちに、救援のためダニエルズ中尉のP-40E型、104号機を送った。中国の早期警戒網上でいったいどんな空戦が行われたのか、何機が参加しているのかさえ、詳細は皆目わからなかった。しかし、敵機はたった1機、複数の乗員が乗った1機だと確信していたので、基地にいた全追撃機部隊に警報は出さなかった。そう、スミスは双発のI-45(キ45改二式複戦)を撃墜した。これはいままでになく士気が沈滞し

ホーク81-A2「白の19」(中国空軍シリアル番号P-8146)は、1942年7月に第74戦闘飛行隊に配属される前は米義勇航空群の第1飛行隊の所属だった。ハブキャップに見える消えかかった赤／白／青の風車[三つ巴文様]と、機体と尾部の新しい補修跡に注目。

1942年夏、昆明の「教習飛行隊」第74戦闘飛行隊の操縦者の下手な着陸で、干上がった溝にはまってしまったホーク81-A-2「白の59」。長い時間をかけたたいへんな努力の末、地上勤務者、オーウィンとコットンは古いトマホークを窮地から引き上げ、本機は後にエンジンカウリングに太字で「ユンナン・ホーア」[雲南の売女]の名前を入れてふたたび飛べるようになった。

ていた第74戦闘飛行隊をよろこばせた素晴らしい日だった。スミスは飛行場の上空、かなりの低空で勝利の横転(ヴィクトリーロール)(1回が撃墜1機を示す)を披露して、場周もそこそこに着陸しようとした。かれはひどく興奮しており、滑走路を飛び越してしまい、改めて場周飛行を行った。これは今日まで2カ月余りも敵機の姿さえ見ずに、ここいら辺で座り込んでいた第74戦闘飛行隊による初の戦果であった」

　スミスは日本機を高度7200mで捕捉、背後から接近、左舷エンジンに1連射を放ち、右舷エンジンには5連射を撃ち込み、発火させた。かれはすぐうしろまで近づいていたので、P-40の主翼と尾翼の前縁に傷ついた飛行機が噴出した滑油を浴びた。とうとう、痛めつけられた飛行機は機首をのけぞらせ、長々と降下して行き、大地に墜落、トーマス・スミスの大戦唯一の確実撃墜戦果となった。3カ月後、かれは本戦闘の功績に対する銀星章の叙勲を受けた[日本側損害未確認]。

　9月25日、中国航空任務部隊は、昆明から離陸した第76戦闘飛行隊のエド・レクター少佐率いる9機のP-40でジャラム飛行場を攻撃する4機のB-25を護衛して、初めてハノイを攻撃した。戦闘機は回り道をして、中国の国境付近の蒙自の補助着陸場(メンツェ)に降り、燃料タンクを満タンにした。これによって、作戦後はまっすぐ昆明に帰ることができる。レクターが近接掩護を行い、ボブ・スコット大佐が上空掩護機を率いた。

　米軍機の目標への接近を13機の双発戦闘機(おそらく新型のキ45改二式複戦)が待ち受けており、B-25への攻撃を試みた。レクター小隊の4機は日本機を爆撃機から切り離すことができたが、激しい旋回戦闘になった。レクター自身が2機撃墜を報じ、かれの小隊の3機、パット・ダニエルズ、ティム・マークスと、ハワード・クリップナーの各少尉がそれぞれ1機ずつの撃墜を報じた。

　B-25が帰途に就くと、スコット大佐は、帰還中の爆撃機に向かって上昇する3機のキ45改を発見した。交戦後、かれは二式複戦3機、全機の撃墜を主張したが、公認されたのは撃墜確実1機、不確実1機であった。これによって、かれの総撃墜戦果は5機に達し、陸軍操縦者として第23戦闘航空群初のエースとなった。対日戦勝利の日までに、さらに33名がこの航空群のエース名簿に名を連ねることになる[9月25日、独飛84中隊二式複戦喪失3機(戦死5名)。戦果なし]。

　9月25日はまた、中国航空任務部隊は昆明に20名の新人戦闘機操縦者が到着、3カ月ぶりに初めて第23戦闘航空群へ、まとまった数の人員が流入したのである。さらに重要なことは、これらの新人操縦者たちは数カ月間にわたる訓練と、パナマ運河の哨戒という経験を積んでいた。この時点まで、戦闘経験こそなかったものの、飛び方と撃ち方は呑み込んでいた。かれらは瞬く間にシェンノート流の戦術をも会得した。パナマからはさらに優秀な操縦者が送ら

P-40E-1「白の30」、機首に「ケイティディド」[キリギリス]の愛称を入れた愛機のそばに立つ、第23戦闘航空群、第16戦闘飛行隊の初期にもっとも活躍した操縦者のひとりであるロバート・E・スミス大尉。スミスは中国での前線で1943年初期に戦闘服務期間を終えて帰国するまでに4機撃墜を報告した。短い休暇を経て、1943年秋、かれはP-38を装備する第394戦闘飛行隊の指揮官となった。第367戦闘航空群の一部として、同隊は1944年春、米国から英国に派遣され、第9航空軍とともに1944年6月6日のフランス侵攻に向けて、多くの地上攻撃任務を果たした。Dデイ後、作戦は一層激しさを増し、6月17日、スミスはBf109撃破1機を報じた。5日後、別の地上攻撃作戦中、かれはシェルブール付近で対空砲火によって撃墜され戦死した。

れてくることになっていた。
　中国航空任務部隊は次いで、さらに大きな目標、有名な大港湾都市、香港へと注意を向けた。最初の作戦、10月25日にかなり以前から計画されていた九龍(カウロン)のドックに向けられ、第75、第76戦闘飛行隊のP-40が7機と、12機のB-25が参加した。シェンノートは、かれの攻撃部隊をその日の早朝、桂林へと動かし、11時30分、520km先の香港へと離陸した。第75戦闘飛行隊史は、この作戦を次のように記録している。
「爆撃機がドッグをうまくやっつけて、帰還にかかると、零戦が数機出現した。日本機がどうやって爆撃機に打ちかかろうかと思案しているあいだに、上空掩護機が数機の零戦を1機ずつ狙い撃った。ヒル少佐は自分の編隊を連れて6機の零戦のなかに突入した。かれは最初の1機を捕捉、スコット大佐がもう1機、ハンプシャー大尉が3機目、第76戦闘飛行隊のシアー中尉が4機を捕まえた。日本機のうち1機がB-25の後方に取りつき、運よく最初の爆撃機が墜落するまで射撃する時間を得たが、その幸運はたちまち爆撃機の救援要請を聞いて駆けつけたハンプシャー大尉に追尾されるという不運に変わり、両機に挟まれた日本機は翼の一部を失って大地に向かって錐揉みで落ちていった」
　ジョン・ハンプシャー大尉と、モートン・シアー中尉は、初出撃したパナマ出身の新人のなかのふたりであった。この日、第76戦闘飛行隊のチャールズ・デュボア中尉も、この日、初めて作戦に参加したパナマ新人のひとりであったが、15～16時ころ、日本機との交戦は、仏印から昆明へと向かう編隊の邀撃まで待たなくてはならなかった。6機のP-40は国境を50kmほど南に控えさせた蒙自で、キ43一式戦、キ45二式複戦の混合編隊に遭遇、損害を受けずに確実撃墜4機、不確実撃墜4機を報じた。2機撃墜を報じたデュボアは、その2日後、蒙自上空の同じような空戦で3機目の撃墜を報じた［10月25日、香港上空では33戦隊の一式戦6機が邀撃、損害なし。B-25喪失1機（捕虜2名、他は負傷生還）。P-40喪失1機（被弾胴体着陸、生還）。P40は撃墜11機、B-25は撃墜7機を主張。同日、蒙自で1戦隊一式戦1機喪失（戦死）。27日、日本側損害不詳］。
　11月27日、慌ただしく立案された広東への攻撃で、第23戦闘航空群は、エース名簿にさらに3名を加えた。当初は10機のB-25、第16、第74、第75戦闘飛行隊のP-40、23機による香港への再攻撃が予定されていたが、しかし前夜になって、強い南風のために目標が変更になったのである。この向かい風と、P-40用の75米ガロン［284リッター］落下増槽の不足が相俟って変更を余儀なくされたのである。中国航空任務部隊の攻撃隊より優勢な日本戦闘機隊に迎えられ、大空中戦になった。第76戦闘飛行隊を率いて上空掩護を務め、この作戦をもっともよく描写したホロウェイ少佐の日記から引用しよう。
「我々は北から、高度5700mで目標地域に進入。市街からおよそ24km、爆撃機は3つの梯団に分かれた、ひとつは飛行機工場、ひとつは天河(ティエンホー)飛行場、ま

写真右端、臀部に手を当てて立ち、地上勤務者が愛機P-40E型「白の7」の腹部に装着されることになる落下増槽に燃料を満たすのを見守るロバート・L・スコット大佐。このウォーホークは風防の下に5機分の撃墜マークを描いており、そこからこの写真が、スコットが5機目の撃墜を報じた1942年9月25日以降で、またかれが2機撃墜を報じた10月25日以前に撮影されたものとわかる。スコットは1942年7月4日から、1943年1月9日まで第23戦闘航空群の指揮官を務め、10機撃墜を報じてその戦闘服務期間を終えた。

たひとつは河の船舶を狙った。かれらが分かれたのと同時に、第16戦闘飛行隊のエド・ゴスは左上方の零戦約10機に向かい、戦闘が始まろうとしていた。わたしは自分の小隊をそっちには向かわせず、投弾が終わるまで爆撃機のそばに留まった。わたしは、8000トンほどの船舶に爆弾を投下した爆撃機と一緒にいた。爆弾数発が直撃し、この船を事実上、木っ端微塵にした。この直後、右下でも別の戦闘が始まっていた。アリソンは自分の小隊を率いてこの戦いに臨み、このときまで無線通話は良好で、皆が日本機を追尾射撃しては叫んでいた。ジャック・クリンガー中尉のが最高だった。『いま、お前さんの尻にいた奴を始末したが、どいてくれないと、衝突しちまう』。このとき、真上から落下傘がひとつ降りてくるのが見え、爆撃機は無事遠ざかったようだったので、わたしは落下傘の方に向かった。遠くから見て、それを銀色の飛行機と勘違いしていたのだ。天河飛行場上空に達したわたしは攻撃のために降下した。わたしは本当に意気軒昂とし、小隊はがむしゃらに突っ込んだ。わたしは零戦を一航過で炎に包んだが、墜落を見届ける間もなく、別の獲物を探した。回り中、敵だらけで、曳光弾が四方八方に飛んでいた。いたるところで燃える日本機が墜落していた。さらに数回にわたって零戦と九七戦に攻撃を仕掛け、とうとういい位置から1機の九七戦を捕捉、長い連射を見舞った。この敵機は落ちたかどうかわからなかったので、不確実撃墜として報告した。この後、わたしは2400mまで上昇、ふたたび暴れ回った。このとき、まだ飛行場の辺りを蚊のように飛び回っていた日本機は、もうたったの3機だった。P-40はみないなくなるか、田園地帯の上空で日本機を追いかけ回しているかだった。生き残った3機はひどく巧みに逃げ回っており、どの機に対してもうまい攻撃航過をかけられなかった。結局、そのうちの2機がわたしの後方についたので、なんとかしてその辺りから逃れ、急いで帰途に就いた。みなが何機落としたと言い合っているのが聞こえ、それは本当に快い話題だった。帰る途中ずっと、できる限り後方を捜索していると、わたしの左側を広東に向かって飛んでいる双発機が見えた。双発の軽爆撃機で、丘の上を非常に低く飛んでいた。わたしはその飛行機の後方へと旋回し、追跡した。明らかにその機はわたしに気づいていない。後方90mにまで接近、後部射手がすぐに射撃を開始すると思った。後部射手はいないのか、さもなくば居眠りしていた。わたしは真うしろから発砲、鉛玉を注ぎ込んだ。機体の右側全体が炎に包まれ、その直後爆発が起こり、主翼からエンジンをもぎ取った。燃える残骸は左側に離れ落ち、大地に墜落した。美しい花火となった。すべては短いあいだに起こった。わたしは旋回、帰還した。機体には、1発の被弾すらしていなかった」

　報告された全戦果が計算され、検証された結果、第23戦闘航空群の操縦者たちは最低限23機を確実に撃墜したと認められた。失われたP-40はたったの2機、両機とも帰還中の燃料欠乏が原因で、落ちた操縦者はふたりとも無事帰ってきた。戦争終結まで、同航空群が単独の作戦でこれ以上の戦果を報じたことはない。

　もっとも戦果をあげたのは第75戦闘飛行隊のジョン・ハンプシャー大尉で確実撃墜3機、これでかれの総戦果は5機となった。同様にこの日エースの地位を得た者は、2機撃墜を報じた第76戦闘飛行隊チャールズ・デュボア中尉、1機撃墜を報じた第16戦闘飛行隊のジョン・「モー」・ロンバード中尉。未来のエース、第76戦闘飛行隊ブルース・K・ホロウェイ少佐、第16戦闘飛行隊のゴス大尉はそれぞれ撃墜2機を報じ、クリントン・D・「ケイシー」・ヴィンセント中

佐(中国航空任務部隊、作戦将校)と、第16戦闘飛行隊のダラス・クリンガー中尉、第76戦闘飛行隊のマーヴィン・ラブナー中尉はそれぞれ撃墜1機を報じた。最後に、スコット大佐は戦闘機撃墜2機を主張、かれの総戦果は9機となった[11月27日、広東で33戦隊の操縦者が1名戦死。P-40撃墜1機を主張。天河飛行場に帰還中だった独飛18中隊の百式司偵1機が撃墜された(戦死2名)他、日本側の損害記録は見つからず、当時広東付近にいたのは一式戦装備の25戦隊と33戦隊のみで、九七戦装備の部隊はいない。米軍主張の大量撃墜があった可能性は低い]。

8日後、中国航空任務部隊はもっとも功績のあった操縦者2名に別れを告げた。「テックス」・ヒルと、エド・レクターの両少佐が昆明で輸送機に乗り込み、帰国への長い旅路についたのである。ヒルは11.75機を撃墜した中国・ビルマ・インド戦域随一の現役エースであり、レクターもそれにさほど劣らぬ、撃墜6.75機という戦果をあげていた。両名とものちに中国へ戻り、第23戦闘航空群の指揮をとることになった。

無慈悲な運命の旋転によって、中国航空任務部隊における最後の米義勇航空群出身の操縦者、第74戦闘飛行隊指揮官、フランク・シールはその日、12月5日に殉職した。かれのロッキード F-4ライトニング写真偵察機が悪天候のため雲南駅付近で墜落したのである。

ヒル、レクター、シールに代わる3人の新しい飛行隊指揮官は、「エイ

1942年広東上空で4機目、5機目の戦果を報じて第76戦闘飛行隊で最初にエースの地位を獲得したチャールズ・H・デュボア中尉(右)。桂林で戦友の操縦者ゴードン・キッツマン(左)、アート・ウェイトと座り込んでいる。デュボアは1943年4月28日、第75戦闘飛行隊に転属になってから、かれの6機目、最後の撃墜戦果を報じた。

1942年11月27日、広東へのB-25護衛任務中に5機目を撃墜し、第16戦闘飛行隊最初のエースとなったジョン・D・「モー」・ロンバード大尉。1943年中、かれはさらに撃墜2機を報じ、その年の2月には第74戦闘飛行隊の指揮を任せられた。1943年6月30日、洞庭湖の近くで悪天候のために戦死したときもまた同部隊で勤務していた。

未来の6機撃墜エース、第76戦闘飛行隊のマーヴィン・ラブナー中尉が常用していたP-40K型「白の115」号機、奥に捕獲されたA6M2零戦が駐機している、1942年12月、昆明。この三菱戦闘機は台南空の所属機で、1941年2月17日に、[雷州半島の]テイツァンの近くに不時着、初めて連合軍が入手した零戦であった[搭乗員は機体の焼却を試み中国兵に射殺されたとされる。機体は捕獲後に柳州へ送られている]。その後、本機は、米義勇航空群の手で飛行可能に修理され、1943年には米国に輸送され、そこで30時間飛行した。零戦の後方に見えるのは、第76戦闘飛行隊に貸与されていたP-43A型「ランサー」。

ジャックス」・ボームラー大尉(第74)、ジョン・アリソン少佐(第75)、ブルース・ホロウェイ少佐(第76)であった。最後の指揮官交代は、1943年1月にボブ・スコット大佐が帰国したときに起こり、かれの後任としてブルース・ホロウェイが第23戦闘航空群の指揮官となり、第76戦闘飛行隊の指揮は中国航空任務部隊に着任したばかりのグラント・マホニー大尉が引き継いだ。中国には着いたばかりとはいえ、マホニーは1941～1942年にかけてP-40でフィリピンとジャワで撃墜4機を報じている歴戦の戦闘機乗りであり、最近まで第51戦闘航空群の一員としてインドにいた。

　第23戦闘航空群の1942年最後の大規模戦闘は、ジョージ・ヘイズレット少佐率いる第16戦闘飛行隊によって雲南駅で惹起した。同飛行隊は、日本軍が攻撃してきそうだという、シェンノート将軍の予感に従って、クリスマスイブにビルマ国境に近い「ハンプ」基地に前進していた。いつものように予感は的中し、クリスマスの午後、日本機は第16戦闘飛行隊を地上で捕捉したが、運良く1機も被弾しなかった。その午後、スコット大佐が昆明から飛来し、第16戦闘飛行隊に、いかなる奇襲攻撃をも防げる方策を授けた［12月25日、攻撃したのは8戦隊の九九双軽9機、50戦隊の一式戦。在地の11機を投弾の火網で包んだと報告。全機帰還］。

　かれは12月26日の夜明けとともに2機を哨戒に上げ、朝のあいだ、離陸機の数を増やしていった。14時までには、飛行隊の全機が在空し、そのちょうど1時間後、10機の日本戦闘機に護衛された9機の双発爆撃機が高度5100mでビルマ方面から、メコン河上空を飛んできた。飛行隊の作戦将校、ハル・パイク少佐が率いる4機のP-40から成る小隊が、最初に日本機と交戦、かれらは護衛戦闘機を爆撃機から分離させた。次いで、それぞれスコット大佐と、ヘイズレット少佐が率いる2個小隊が爆撃機を攻撃。この戦闘に参加した操縦者のひとり、ボブ・ライルズ大尉は、雲南駅進出が遅れ、戦闘の当日までやってこなかった第16戦闘飛行隊の戦友で、親友でもあったボブ・ムーニー中尉を回想している。「わたしが離陸のため地上滑走で滑走路へ出ようとしていると、ちょうどボブ・ムーニー機の着陸が見えた。かれは機体から衣嚢を引き出した。かれはこの作戦に参加するため、給油しようとしていた。わたしは出発した。我々は日本軍の攻撃に備えて、飛行場の数マイル南を哨戒して

1942年後半、昆明湖上空を飛ぶブルース・ホロウェイ少佐のP-40E型。1942年12月、エド・レクター少佐の代わりに第76戦闘飛行隊の指揮官となったときに、ホロウェイは、かれから本機を譲り受けた。「白の104」号機はもともと米義勇航空軍の機体で、フライング・タイガーズの転写マークを機体に入れている。ホロウェイは、1942年12月14日、本機を以て5機目の撃墜戦果を報じた。一方、レクターは1942年7月4日、本機で九七戦墜1機、不確実1機を報じている［12月14日、爆撃機6機、P-40、14機、P-43、4機でハノイに進攻。ホロウェイ少佐が撃墜したのはフランス空軍の複葉機(1名落下傘降下)、かれは一週間後、フランス空軍の複葉機をもう1機撃墜した］。

1943年1月、スコット大佐は中国を離れ、第23戦闘航空群の指揮はブルース・ホロウェイ中佐(左)が引き継いだ。その代わりに、グラント・マホニー大尉(右)は、ホロウェイに代わって第76戦闘飛行隊の指揮を任された。マホニーは、中国で5機目の撃墜を報ずる以前に、1942年にフィリピンとジャワで撃墜4機を報じている。かれは1945年1月3日、太平洋戦線の第8戦闘航空群のP-38L型で飛行中に戦死した。

いた。わたしの小隊の指揮官はバイク少佐で、ヘイズレット少佐がもう1個小隊を率いていた。ちょうど我々が敵機に向かって行こうとしていたとき、1機の飛行機が基地から舞い上がってきた。それがマーレーだった。かれのP-40だと見分けることができた。かれはすごい速さでわたしを追い抜いた。そのとき、我々は零戦と爆撃機の真っただ中にいた。わたしは1機の零戦を撃とうとして、右に寄った。ムーニーは別のを狙い左に向かった。我々は編隊を組まずに戦闘にかかった。それがかれを見た最後だった。その日やってきた日本機もまたほとんどが撃墜された。着陸すると、誰かがムーニーは墜落したと言っていた。そこでわたしはジープと運転手を確保して、雲南駅の西へかれを探しに出かけた。中国人から場所を聞いたが、その辺りにいるだろうということしかわからなかった。見つけたとき、かれは戸板で運ばれていた」

1943年初め、霑益で、新しく与えられたP-40K-5型の操縦席に入った第16戦闘飛行隊のロバート・ライルズ大尉。かれは本機を「デューク」と名付け、第16戦闘飛行隊の指揮官となった1944年まで、この機体で飛び続けた。操縦席の下に見える3個の撃墜マークは、かれが1942年12月と、1943年3月に仕留めたもので、さらに2機撃墜を9月と12月に報じ、第23戦闘航空群のエースのひとりとなった。

　ライルズが見つけたとき、ムーニーはまだ生きていたが、若者はその夜死亡した。その日、ルウェリン・カウチ中尉機も撃墜されたが、かれは膝を捻っただけで、その体験を全うした[カウチ機は九九双軽の後部射手に撃たれた]。

　さて、戦果に話題を移せば、第16戦闘飛行隊は撃墜10機を報じ、スコット大佐も自己戦果に1機を加えた。初めての確実撃墜1機と、不確実1機を報じたボブ・ライルズは5機撃墜への途を邁進し、1年以上にわたって、第16戦闘飛行隊の指揮官を務めた。ダラス・クリンガーはこの作戦でかれの4機目を仕留めた[12月26日、8戦隊の九九双軽9機、50戦隊の一式戦10機が雲南駅を攻撃。一式戦喪失1機（戦死）。一式戦はP-40撃墜1機、九九双軽はP-40撃墜4機を主張。在地5機を爆撃。九九双軽は2機被弾、負傷1名。第16戦闘飛行隊は一式戦3機、九九双軽3機、百式司偵1機の確実撃墜と、不確実3機を主張。P-40喪失2機（戦死1名）]。

　1942年末までの6カ月間で、第23戦闘航空群は97機の確実撃墜戦果をあげた。内訳は、第16戦闘飛行隊が35機、第76、第75がそれぞれ29機ずつ、

1943年初期、昆明でP-40K型の照準調整を行う兵装係。国籍標識はダークグリーンで塗り消され、機体と尾翼のシリアル番号が明瞭に見える。背後にいるのは第11爆撃飛行隊のB-25である。

1943年1月、雲益で、P-40K型にシャークマウスを描き込んでいる第75戦闘飛行隊のビル・ハリス軍曹。チョークで描かれた輪郭線に注目、これを刷毛と塗料で塗りつぶしてゆくのである。型紙などは一切使わないので、P-40のシャークマウスはそれぞれみんな違う。

衡陽の列線で、給油作業中一休みしている第75戦闘飛行隊の地上勤務者。左側のP-40は主翼に小型爆弾架を装着している。まだ色をつけられていないチョークで描かれたサメの舌に注目、どちらのP-40K型もまだ機首に目玉を入れていない。

第74が4機であった［1942年7月30日から、12月26日まで、第23戦闘航空群との空戦で喪失と確認できたのは、九七戦1機（戦死1名）、一式戦8機（戦死7名、捕虜1名）、二式複戦3機（戦死5名）、九七重爆3機（戦死18名）、九九双軽2機（戦死8名）、百式司偵1機（戦死2名）、計18機。一方、第23戦闘航空群は空戦でP-40喪失9機（戦死6名）］。

　中国での、1943［昭和18］年明けの3カ月間は比較的静穏で、中国航空任務部隊は前線基地に補給品を蓄積することができ、飛行作戦はときどき訪れる天候の良い間にしか実施できなかった。その間に、新型のP-40K型が大量に到着し始め、第23戦闘航空群は米義勇航空群譲りの古いホークをインドにいた訓練部隊に下げ渡すことができた。

## 第14航空軍への編入
### Enter the Fourteenth Air Force

　シェンノートの名声が確立したため、中国での航空戦の重要性を強調する政治力がワシントンDCに働いた。その結果、まず中国航空任務部隊が廃止され、代わりに第14航空軍が創設された。クレア・シェンノート准将は、1943年

3月10日、昆明でこの変化を迎え、新組織の指揮官に留まった。その日報告された戦力はP-40が103機、うち65機は実戦部隊に配属されていた。残りは、昆明の施設で組み立て、修理などさまざまな状態にあった。つづく数カ月、さらに部隊が到着、シェンノートのパイロットたちにとって、戦争の時は以前と同じように流れていった。

静穏な日々は1943年3月の下旬に幕を引き、シェンノートはかれの飛行隊群を日本軍の攻勢作戦に対して投入した。かれは、いまやジョン・ロンバード大尉が指揮をとり、ビルマ北部の日本軍を攻撃し、ハンプ回廊を護るために雲南駅にいた第74戦闘飛行隊へ移った。

新指揮官ハル・パイク少佐の第16戦闘飛行隊と、第76戦闘飛行隊は桂林に移動し、第75戦闘飛行隊は零陵の近くに移動した。これらの基地から、かれらは漢口や広東、香港地区の日本軍を攻撃した。第76戦闘飛行隊の主力は仏印の日本軍への攻撃と、防空のために昆明に残った。

4月、第75戦闘飛行隊の全体で、中国の航空戦における伝説のひとつを作った。1943年4月1日、ジョン・ハンプシャー大尉は、零陵の上空で6機目の戦果をあげ、23日後、さらに2機撃墜を報じ、中国・ビルマ・インド戦域随一のエースとなった。その日のことをかれは4月の25日に、オレゴン州グランツ・パスの自宅にいた父への手紙に描写している。

「昨日、日本機がまた来襲して、すごかった。今回、連中は本当の選りすぐりを送り込んできた。これまで見たこともないほどすばらしく訓練されてた。数は30機かそこいら、全部戦闘機で、しばらくは無敵の強さに見え、だれにしても知らないふりをしたり、手を出すことはできなかった。煙が晴れると、我々は1機も失わず、5機を撃墜していた。戦闘は本当に長く、ちょうど終わったとき、双発の戦闘機が飛んできて『米戦闘機隊に決戦を求める』一束のビラを撒いて行った。ビラを撒いたエテ公は帰りにちょっとひどい目にあった。一見追いつけそうもなかったが、100マイル[160km]ばかり追いかけて、とうとう捕捉した。それで本日の出し物はおしまい。わたしの獲物は2機だった［4月1日、零陵で25戦隊は一式戦3機喪失（戦死3名）、33戦隊一式戦1機喪失（戦死）。P-40撃墜4機を主張。第75戦闘飛行隊はP-40喪失1機（戦死1名）］」

ハンプシャーが手紙を書いてから、日本軍は形勢を一変させた。4月26日、雲南駅の夜明け、サルウィン河付近の早期警戒網が認めた日本戦爆連合が、ロンバードの第74戦闘飛行隊を地上で捕捉、同飛行隊を一時戦闘不能に陥れた［4月26日、64戦隊の一式戦30機に護衛された8戦隊、34戦隊の九九双軽35機が雲南駅飛行場を攻撃。全機帰還。地上P-40炎上5機、損傷廃棄5機、その他

1943年初期、霑益、第16戦闘飛行隊のマーキングをすべて入れた2機のP-40K型。ジョージ・バーンズ中尉の「サンダーボルトⅡ世」と名付けられた「白の24」号機と、「フライング・ウォール・オブ・チャイナ」と名付けられたC・D・グリフィン中尉の「白の26」号機は、機体番号の前に飛行隊マークを掲げ、ハブキャップには白い星、バーンズ機は4つの撃墜マークを入れており、かれは確実撃墜4機、不確実1機で、戦闘服務期間を終えている。このウォーホークのシリアル番号（42-46263）は、中国にあった他の機体同様、尾翼に入れられた太い帯で消されている。

1943年4月28日、日本の強力な爆撃機部隊が昆明飛行場を攻撃、米兵数名を戦死させ、ここに見られるように管制塔を粉砕した。護る第23戦闘航空群は11機撃墜を公認された。

1942～1943年にかけて、第75戦闘飛行隊に所属していたP-40K型「白の162」号「ヘルザポッピン」と機付長のドン・ヴァン・クレープ。本機を常用していたのは中国で3機、1944年欧州の第367戦闘航空群、第393戦闘飛行隊のP-38J型で4機撃墜を報じたジョゼフ・H・グリフィン中尉であった。機体の白帯、ハブキャップに入れられた赤／白／青の風車[三つ巴文様]に注意。ひとつだけ風防の下に記された撃墜マークは1942年11月23日、グリフィンが初めて報じた公認撃墜戦果(機種不明の爆撃機、おそらくはキ48と思われる)を示している。

これら7人の操縦者が1943年4月28日、昆明を襲った日本機をあわせて11機撃墜した。機体に座っているのは、左からエド・ゴス少佐、ジョン・アリソン中佐、ロジャー・プライア中尉。立っているのは左から、ジョー・グリフィン中尉、マック・ミッチェル中尉、ジョン・ハンプシャー大尉、ホリス・ブラックストーン中尉。P-40K型「キング・ブギ」は、中国での戦闘服務中、確実撃墜5機、不確実3機、撃破3機を公認されたウィリアム・「ビル」・グロスヴェナーの乗機。

1943年4月、零陵で愛機P-40K-1型「白の161」、シリアル番号42-45732の前に立つ、当時6機目の確実撃墜戦果をあげたジョン・ハンプシャー大尉。かれは1943年5月2日に戦死するまでに、さらに撃墜7機を報じ、第二次大戦のP-40によるトップエース、米義勇航空群のボブ・ニールと同数になっていた。1998年、ハンプシャーの郷里であるオレゴン州、グランツパスの空港はかれの栄誉を称え改名された。

全機が損害を受け、地上勤務者、戦死5名、負傷5名]。

　さらに何かあることを予期して、第16戦闘飛行隊と、第75戦闘飛行隊がそれぞれ東方の基地から、雲南駅と、昆明に戻ってきた。厄介ごとは4月28日に起こった。だが、今回の標的は昆明、1941年12月20日に米義勇航空群が作戦を行って以来、昼間爆撃を受けるのははじめてだった。日本爆撃機は、飛行場に達し、投弾したが、帰途、第75戦闘飛行隊によって大きな犠牲を支払わされることになった。またも、早期警戒網は空襲に対して十分な警報が出せなかったので、ジョン・アリソン少佐はP-40で、ビルマに帰る日本機への追尾攻撃を行うことにした。

　第23戦闘航空群はこの作戦で撃墜確実11機、不確実8機を報じ、第75戦闘飛行隊のホリス・ブラックストーン大尉は確実撃墜2機、不確実1機を公認された。もうひとり顕著な手柄を立てたのは、アリソンから第75戦闘飛行隊の指揮を引き継ぐ準備のために第16戦闘飛行隊からきていたエド・ゴス少佐であった。ゴスは1機を落とし、自己戦果を5機にした。

ロジャー・プリーヤーと、ジョン・グリフィンなど、未来のエースがそれぞれ1機ずつ初戦果を報じた一方、第76戦闘飛行隊のチャールズ・デュボアはこの空戦で6機目、かれ最後の戦果を報じ、ハンプシャーは2機撃墜を公認され、自己戦果を11機とした［4月28日、第23戦闘飛行隊は九七重爆3機、一式戦8機の確実撃墜を主張。空地ともにP-40に損害なし。地上勤務者4名戦死。12、98戦隊の九七重爆21機、64戦隊の一式戦42機が昆明を攻撃。64戦隊は一式戦喪失2機（戦死2名）］。

　ジョン・ハンプシャーの運は4日後に尽きた。そのときまでに、第75戦闘飛行隊は零陵に戻り、攻撃作戦再開に備えていた。5月2日、日本軍は飛行第25、および飛行第33戦隊の一式戦の大群を漢口から放った。アリソン中佐は16機のP-40でこれに挑み、両編隊は基地からほど遠からぬところで遭遇した。この出来事の正確な記録には、まずドン・ブルックフィールド中尉が最初の交戦で1機撃墜を報じ、その後はP-40が漢口に帰る日本機を追う追尾攻撃となった。北に向かいながら、日本機は次々と撃墜され、ハンプシャーは長沙（チャンシャ）の近くで2機を仕留めた。アリソンはそれから何か起こったのか、後にハンプシャーの父親に書き送っている。

　「それが済んでから、ジョニーはわたしの編隊に戻ってきて、翼端に寄り、歯を剥くのがよく見えた。かれは無線で、部下が墜落し炎上するのを見たと言った。我々は針路を北にとり、長い追跡の後、中国の町を機銃掃射していた日本戦闘機の編隊を捉えた。零戦からのまぐれ当たりに違いないのだが、被弾したかれは河に落ち、中国人がいちばん近い病院へ運び込んだが、適切な治療を受ける前に亡くなってしまった」

　ハンプシャーは中国軍の前哨の近くに落ち、すぐに操縦者は怪我をしているが生きているという伝言が零陵に届いた。第75戦闘飛行隊の軍医、レイ・スプリッツラー大尉は、もしハンプシャーを救いたいなら、アリソンに墜落地点まで飛ばせてくれと言った。ジョー・グリフィンがスプリッツラーをP-43の荷物入れに詰め込んで飛んでもいいと志願し、アリソンは不承不承ながら認めた。軍医は墜落地点の上空で飛行機から落下傘降下することになっていた。P-43が離陸してすぐに、中国人がハンプシャーは死んだという報せを逓伝してきた。アリソンは無線でグリフィンを呼び戻すことはできなかったが、天候の悪化で、結局P-43は中国の村の近くにある無人の滑走路に着陸せざるを得なくなった。グリフィンとスプリッツラーは翌朝、零陵に帰ってきた。ジョー・グリフィンは中国で撃墜3機を報じ、1944年に欧州戦線で第367戦闘飛行隊の指揮官として働き、さらに4機撃墜を報じた。

　5月2日、2機撃墜を報じたことによってハンプシャーは合計戦果を13機として、P-40のトップエースであった米義勇航空群のボブ・ニールと並んだ。そしてもうひとり、第23戦闘航空群の指揮官、ブルース・ホロウェイ大佐もその同じ頂点を極めることになる［5月2日、第75戦闘飛行隊は一式戦撃墜11機を主張。P-40喪失1機（戦死）。33戦隊一式戦喪失3機（戦死3名）、25戦隊一式戦喪失2機（戦死2名）、ハンプシャーを仕留めたのは25戦隊の一式戦と思われる］。

## ■ 兵力結集開始
### The Build-up Begins

　第14航空軍創設の第一歩は、重爆部隊、第308爆撃航空群の配属だった。コンソリーデーテッドB-24D型リベレーター四発爆撃機をもつ第308の最初の

1943年春、零陵、第75戦闘飛行隊の整備兵がジェイムズ・W・リトル中尉のP-40K型のタイヤを交換中。この写真でも目立つマーキングはリトルの名前と、操縦席の下にあるふたつの撃墜マーク、胴体に巻かれた白帯（その前方に白で152と描いてある）、そして主翼下面にある「US ARMY」[米陸軍] の文字である。本機でもまだサメの目玉が欠けていることに注意。「ボコ」・リトルは1943年1月から5月までの間に7機撃墜を報じ、1950年6月27日、朝鮮戦争初頭にF-82ツインマスタングで、ラーヴォチキンLa-7戦闘機を撃墜、8機目の戦果を記録した。

出撃は、1943年5月4日、昆明から、南シナ海、海南島の三亜への攻撃だった。B-24は目標上空で軽高射砲と、日本戦闘機に遭遇した。4日後、リベレーターは第11爆撃航空群のB-25と、第16、第75戦闘飛行隊のP-40、24機とともに広東を襲った。航続距離の長いB-24だけが昆明から直接飛来し、他の攻撃部隊は桂林からやってきて、目標地域のすぐ手前で会合するという複雑な計画が立てられた。

この作戦は広東の日本軍への奇襲を前提に立案された。攻撃中、ホワイト・クラウド[白雲]飛行場から日本戦闘機が離陸しているのが見え、P-40は爆撃機が退避するまでその地域に留まった。20分にもわたる激しい空戦の結果、第23戦闘航空群は一式戦、九七戦を計13機の確実撃墜、5機の不確実撃墜を報じた。戦果をあげた者のひとり、第75戦闘飛行隊のジム・リトル中尉は一式戦撃墜1機を報じ、自己戦果を5機にした。この新人エースは1週間後、戦果を2倍にしたが、その上さらに戦果を加えるには7年待たなければならなかった。1950年6月27日、リトルはF-82G型ツインマスタングで、北朝鮮軍のラーヴォチキンLa-7戦闘機1機を落とし、朝鮮戦争で初めての撃墜戦果をあげた（詳細は「Osprey Aircraft of the Aces 4 —— Korean War Aces」を参照）。

加えて、アリソン中佐は5機目の戦果を公認された。第1特任航空群の編成を手伝うという重要な任務のため、間もなく中国を離れることになっていたが、リトル同様、そこで初めて戦果を追加することになった[5月8日、広東では33戦隊が邀撃。一式戦2機喪失（戦死2名）、地上で一式戦5機焼失。B-25撃墜1機を主張。第11爆撃航空群、B-25喪失1機（投下した爆弾の爆風で落ちたと報告されている）。P-40は損害なし]。

5月11日、第23戦闘航空群は第74、第76戦闘飛行隊が東方の基地、零陵、桂林へと移動し、第75戦闘飛行隊は昆明に戻り、第16は雲南駅に配置されるなど、組み替えが行われた。5月15日までに、第75戦闘飛行隊は昆明に居

1943年春のあいだ、P-40K型「白の111」号機は、グラント・マホニーが常用していた。零陵で照準規正中のこのウォーホークは、米義勇航空群のフライング・タイガースの標識を同体に着け、2本の白線を尾翼に入れるという普通でないマーキングをまとっている。マホニーはこの戦闘機を使って、1943年5月23日、宜昌で5機目の撃墜を報じている。

を据え、霑益にいた第74は桂林が受け入れ態勢を整えるのを待っていた。その朝、早期警戒網が、ビルマから大編隊が昆明に接近中との警報を発し、9時10分、ホロウェイ大佐は攻撃部隊の様子を見るために哨戒に出た。

3機のP-40が高度6900m、基地から100km地点を巡航していたとき、ホロウェイは、高度9000mを飛ぶ64戦隊の一式戦23機に護衛された30機もの九九双軽からなる(中国戦線としては)巨大な編隊が高度7800mで接近してくるのを発見した。ホロウェイは上昇しつつ、昆明を呼び出し、エド・ゴス少佐に第75戦闘飛行隊を切迫した邀撃戦に緊急出動させるよう命じた。

ホロウェイと僚機、ローランド・ウィルコックス少佐、チャールズ・クライスラー中尉は8400mまでようよう昇り、護衛編隊の後方へと旋回した。そのときまでに、九九双軽は昆明上空へ進入していたが、投弾は拡散し、地上の被害はわずかだった。

戦闘が終わるとP-40の操縦者は1機も失わずに、確実撃墜16機と、不確実撃墜9機を報じた。間違いなく撃墜された者のひとりに64戦隊の一式戦操縦者、遠藤健中尉がいる(詳細は本シリーズ第6巻『日本陸軍航空隊のエース1937-1945』を参照)。空戦の終わりころ、第74戦闘飛行隊のダラス・クリンガー大尉が逃げにかかった日本機を追尾攻撃したとき、第23戦闘航空群は増え続けるエース名簿に新たな記載を加えた。かれは一式戦撃墜1機と、不確実1機を報じ、これが第74戦闘飛行隊の1943年における最初の戦果だった。5月19日、第74戦闘飛行隊の桂林への移駐が完了すると、同飛行隊のパイロットも、より多くの戦果をあげる機会を得た［5月15日、昆明を空爆した98戦隊は九七重爆喪失1機、胴体着陸1機、被弾2機(機上戦死2名)。64戦隊、一式戦喪失1機(戦死)、50戦隊、一式戦喪失3機(戦死3名)、被弾不時着3機。第23戦闘航空群は一式戦撃墜14機、九九双軽撃墜2機を主張。P-40損害なし］。

1943年5月の上旬、漢口の日本の地上部隊は中国を屈服させるための大作戦を発起した。ふたつの突破作戦のうち、片方の部隊は重慶に向かって揚子江を西進、もう一方の部隊は洞庭湖から湘江沿いに南下、その目標は戦術的に重要な米第14航空軍の衡陽、零陵、桂林など諸飛行場の奪取であった。第74、第75戦闘飛行隊が長沙の中国地上軍を支援したため、両突破作戦とも目的を全うせずに終わった［重慶進攻『5号作戦』。ガダルカナル方面の戦況悪化のため中止された］。

2個飛行隊はケーシー・ヴィンセント大佐指揮の「中国東部任務部隊」の配

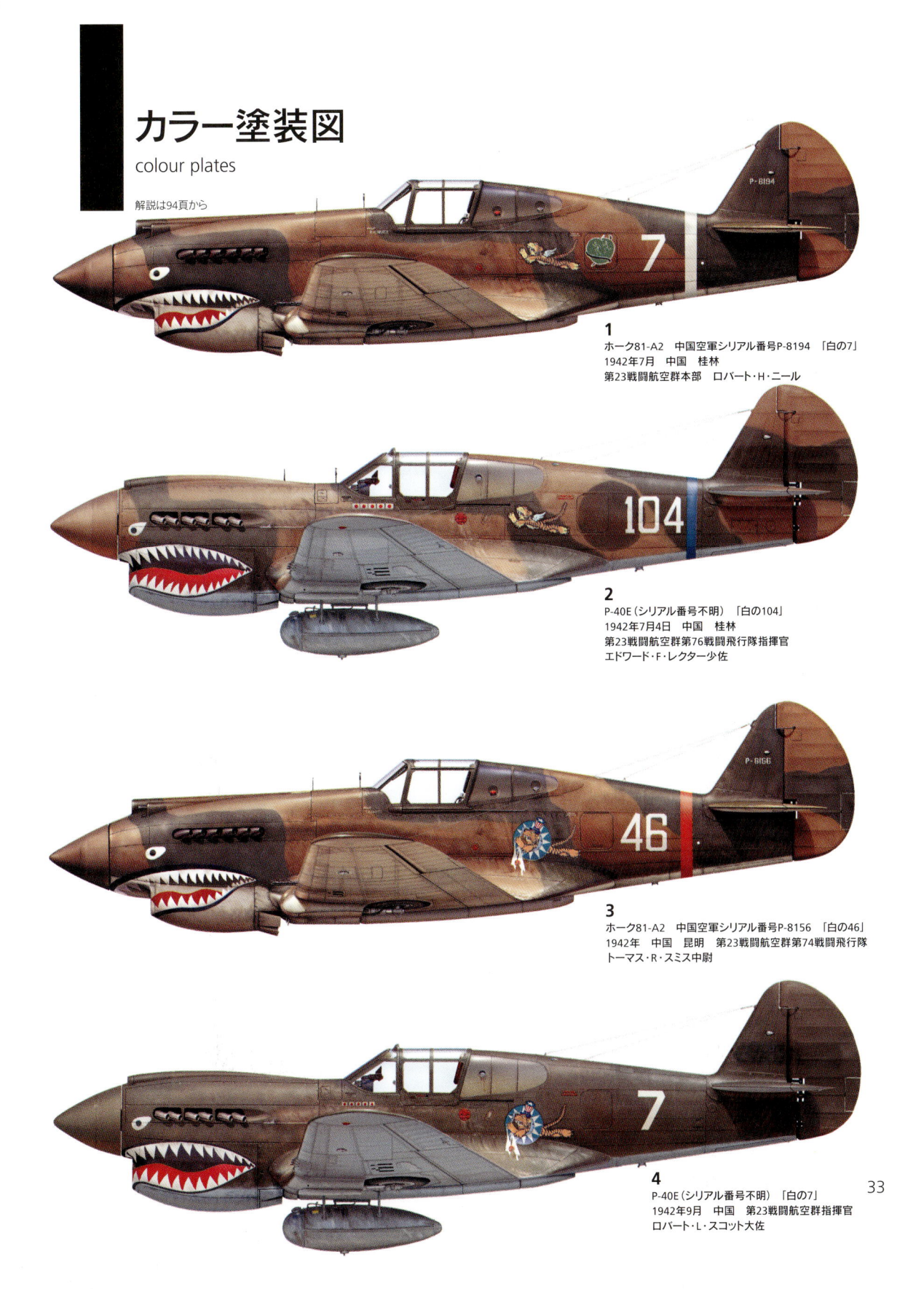

# カラー塗装図
colour plates

解説は94頁から

**1**
ホーク81-A2　中国空軍シリアル番号P-8194 「白の7」
1942年7月　中国　桂林
第23戦闘航空群本部　ロバート・H・ニール

**2**
P-40E（シリアル番号不明）「白の104」
1942年7月4日　中国　桂林
第23戦闘航空群第76戦闘飛行隊指揮官
エドワード・F・レクター少佐

**3**
ホーク81-A2　中国空軍シリアル番号P-8156 「白の46」
1942年　中国　昆明　第23戦闘航空群第74戦闘飛行隊
トーマス・R・スミス中尉

**4**
P-40E（シリアル番号不明）「白の7」
1942年9月　中国　第23戦闘航空群指揮官
ロバート・L・スコット大佐

33

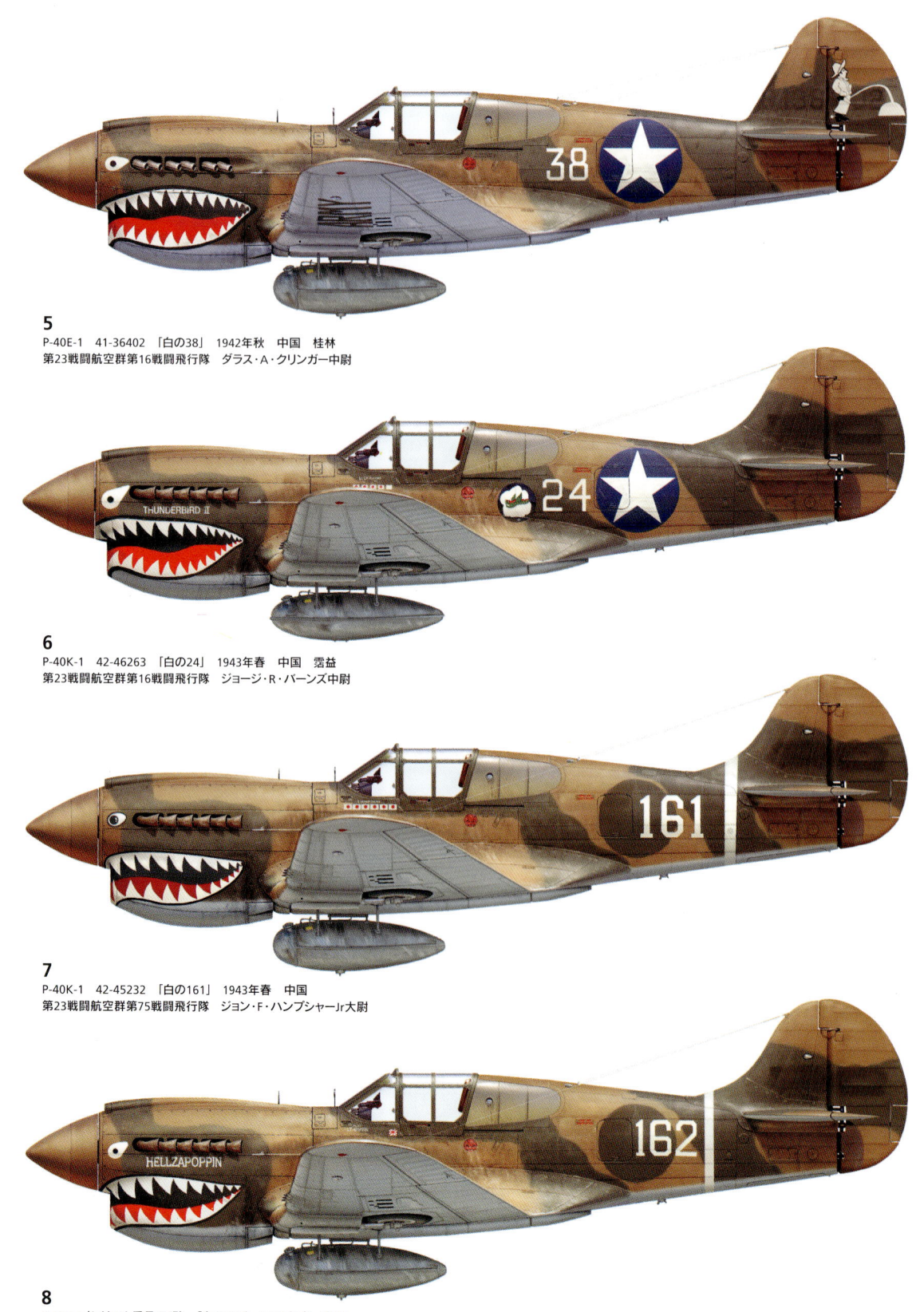

**5**
P-40E-1　41-36402　「白の38」　1942年秋　中国　桂林
第23戦闘航空群第16戦闘飛行隊　ダラス・A・クリンガー中尉

**6**
P-40K-1　42-46263　「白の24」　1943年春　中国　雲南
第23戦闘航空群第16戦闘飛行隊　ジョージ・R・バーンズ中尉

**7**
P-40K-1　42-45232　「白の161」　1943年春　中国
第23戦闘航空群第75戦闘飛行隊　ジョン・F・ハンプシャーJr大尉

**8**
P-40K-1（シリアル番号不明）　「白の162」　1943年春　中国
第23戦闘航空群第75戦闘飛行隊　ジョゼフ・H・グリフィン中尉

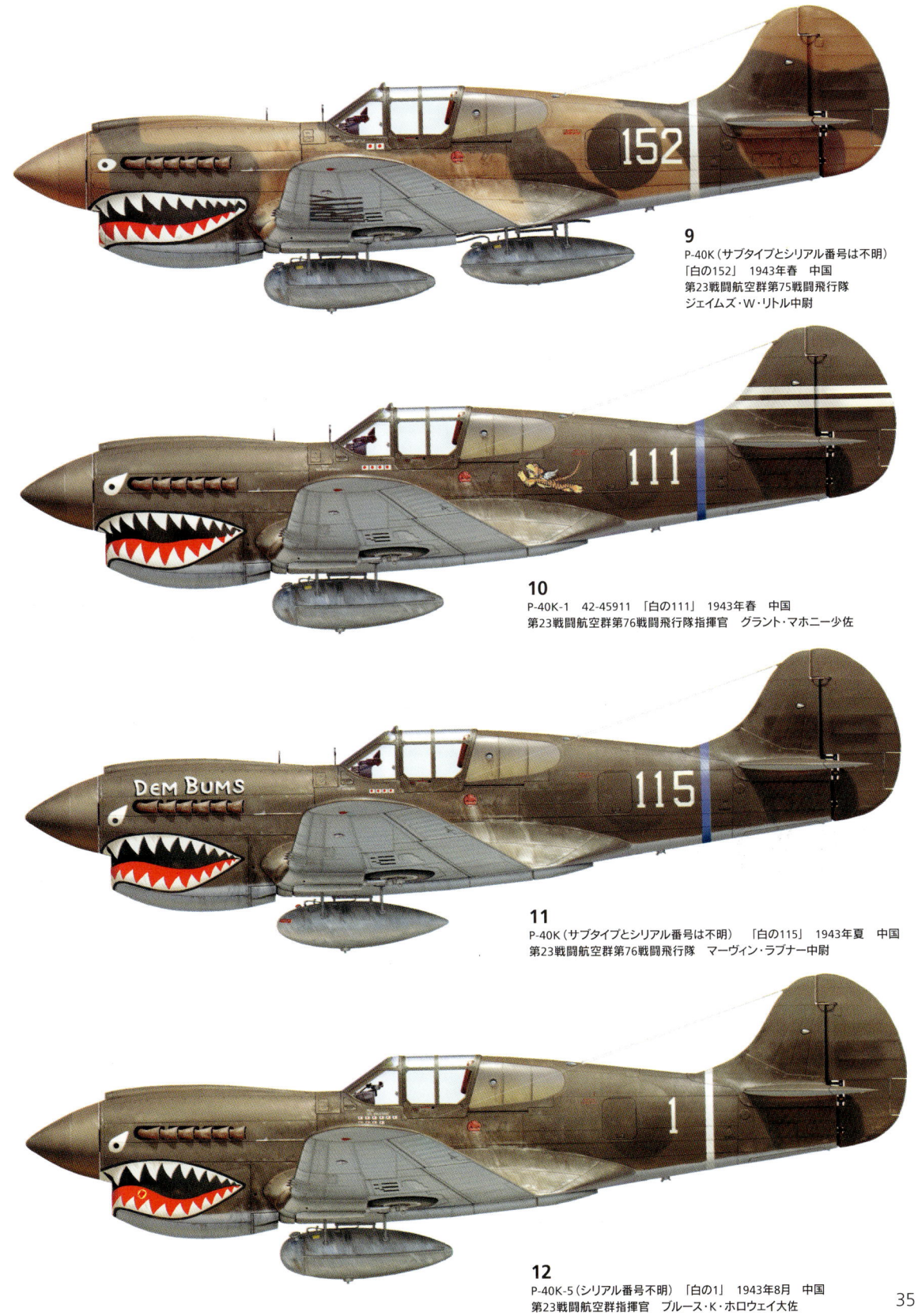

**9**
P-40K（サブタイプとシリアル番号は不明）
「白の152」 1943年春 中国
第23戦闘航空群第75戦闘飛行隊
ジェイムズ・W・リトル中尉

**10**
P-40K-1 42-45911 「白の111」 1943年春 中国
第23戦闘航空群第76戦闘飛行隊指揮官 グラント・マホニー少佐

**11**
P-40K（サブタイプとシリアル番号は不明） 「白の115」 1943年夏 中国
第23戦闘航空群第76戦闘飛行隊 マーヴィン・ラブナー中尉

**12**
P-40K-5（シリアル番号不明）「白の1」 1943年8月 中国
第23戦闘航空群指揮官 ブルース・K・ホロウェイ大佐

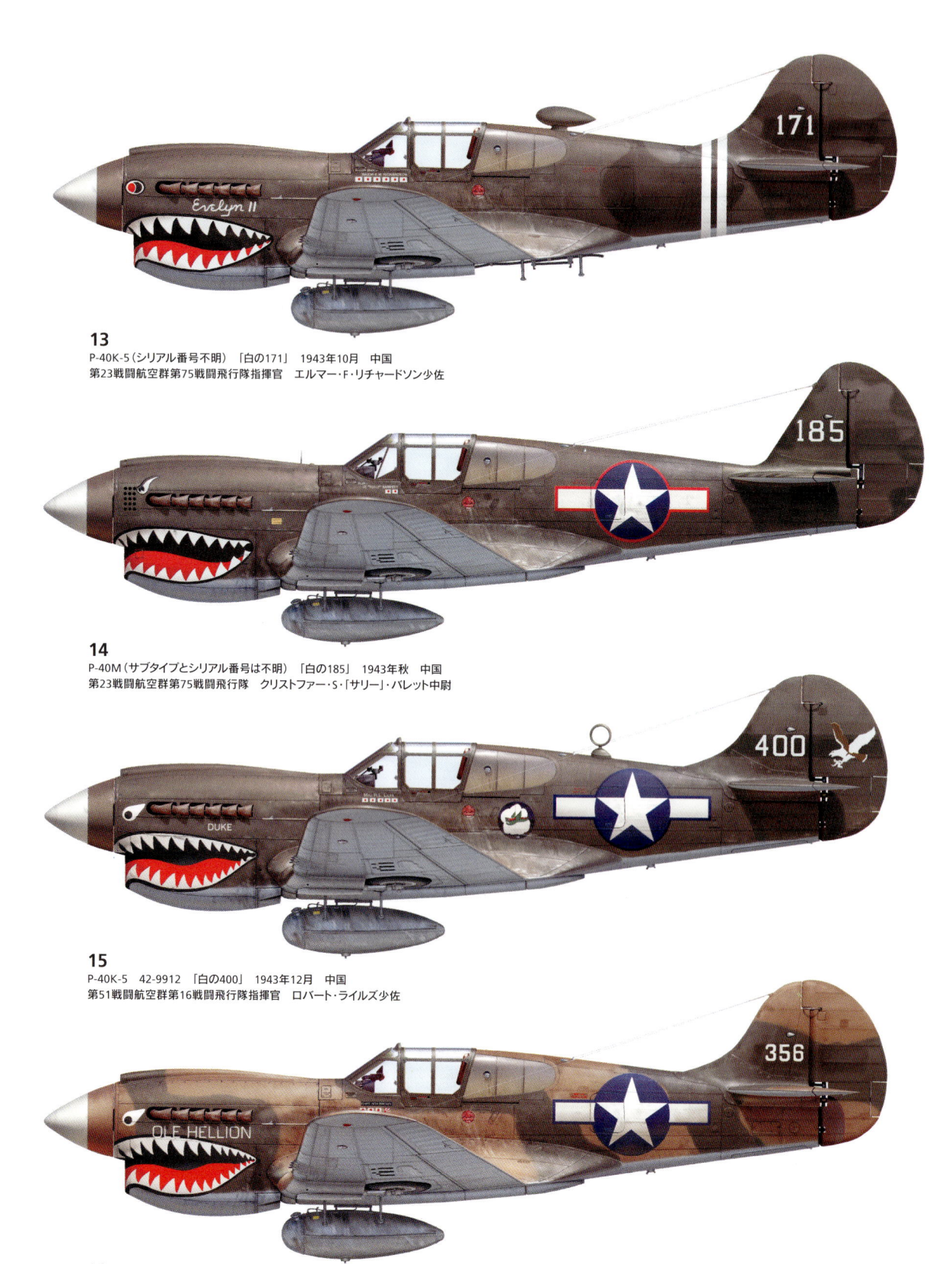

**13**
P-40K-5（シリアル番号不明）「白の171」 1943年10月 中国
第23戦闘航空群第75戦闘飛行隊指揮官 エルマー・F・リチャードソン少佐

**14**
P-40M（サブタイプとシリアル番号は不明）「白の185」 1943年秋 中国
第23戦闘航空群第75戦闘飛行隊 クリストファー・S・「サリー」・バレット中尉

**15**
P-40K-5 42-9912 「白の400」 1943年12月 中国
第51戦闘航空群第16戦闘飛行隊指揮官 ロバート・ライルズ少佐

**16**
P-40K-1 42-46242 「白の356」 1944年春 中国
第51戦闘航空群第16戦闘飛行隊 J・ロイ・ブラウン大尉

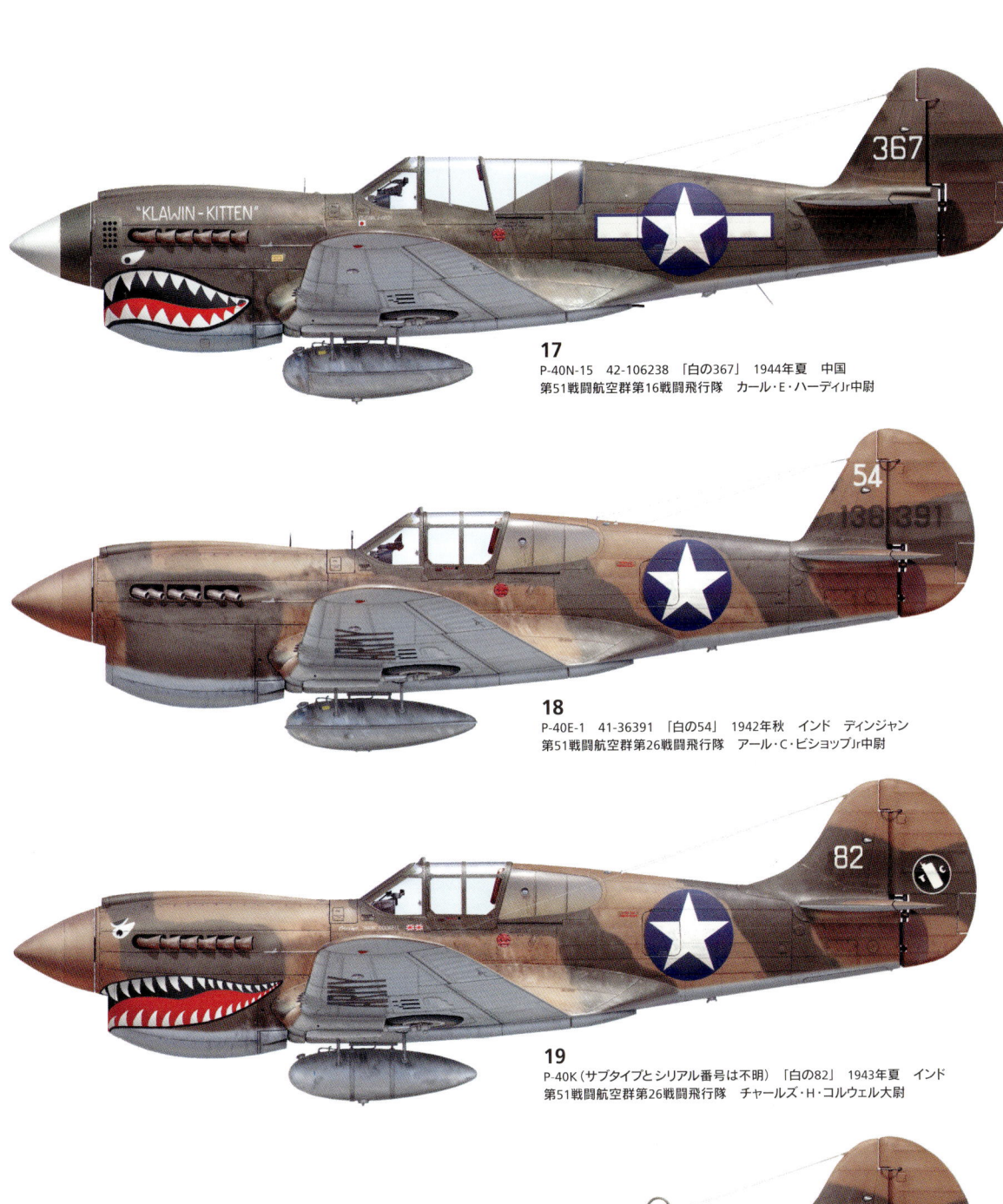

**17**
P-40N-15　42-106238　「白の367」　1944年夏　中国
第51戦闘航空群第16戦闘飛行隊　カール・E・ハーディJr中尉

**18**
P-40E-1　41-36391　「白の54」　1942年秋　インド　ディンジャン
第51戦闘航空群第26戦闘飛行隊　アール・C・ビショップJr中尉

**19**
P-40K（サブタイプとシリアル番号は不明）　「白の82」　1943年夏　インド
第51戦闘航空群第26戦闘飛行隊　チャールズ・H・コルウェル大尉

**20**
P-40K-5　42-9768　「白の225」　1943年12月　中国　昆明
第51戦闘航空群第26戦闘飛行隊指揮官　エドワード・M・ノルマイアー少佐

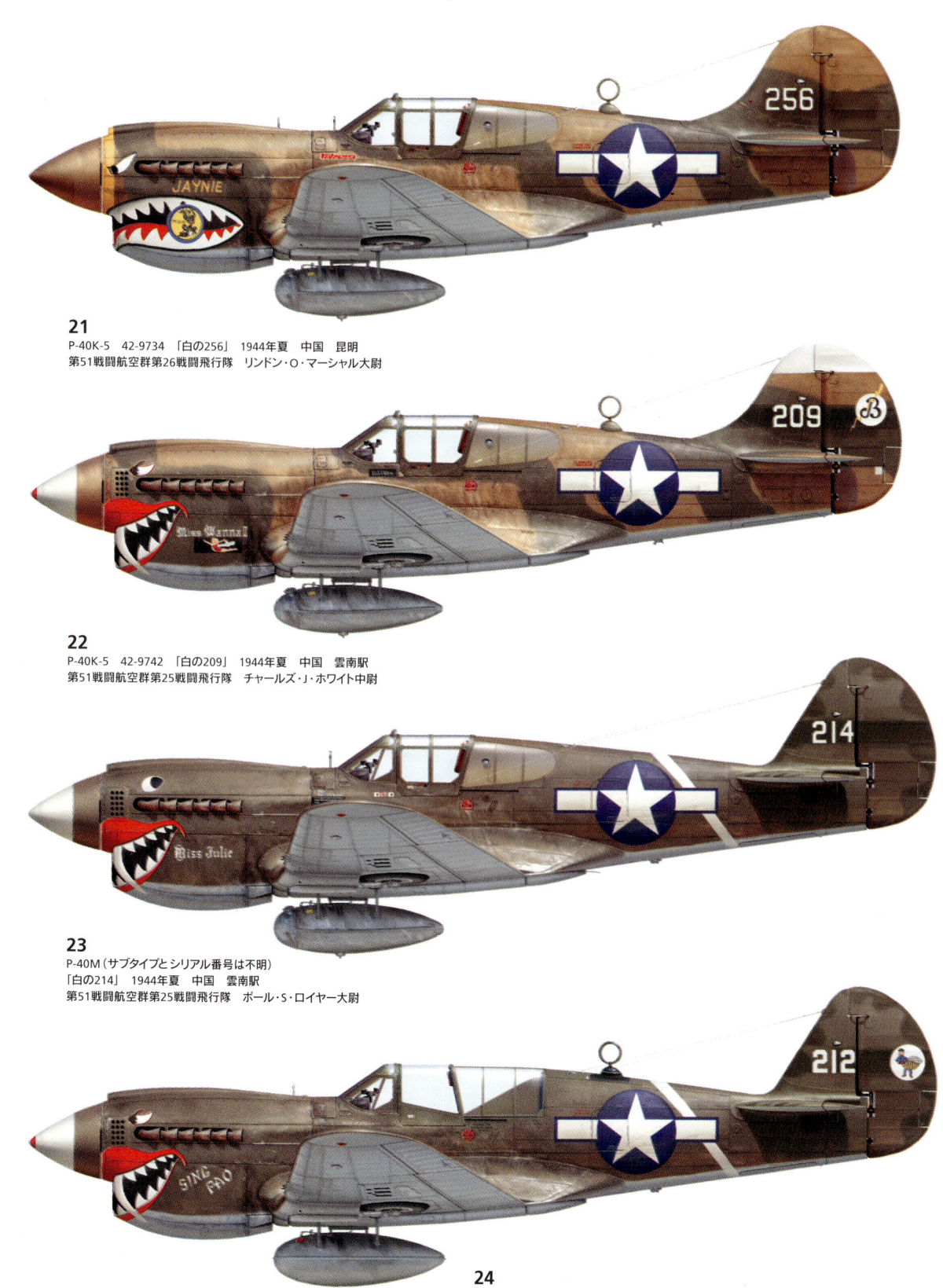

**21**
P-40K-5　42-9734　「白の256」　1944年夏　中国　昆明
第51戦闘航空群第26戦闘飛行隊　リンドン・O・マーシャル大尉

**22**
P-40K-5　42-9742　「白の209」　1944年夏　中国　雲南駅
第51戦闘航空群第25戦闘飛行隊　チャールズ・J・ホワイト中尉

**23**
P-40M（サブタイプとシリアル番号は不明）
「白の214」　1944年夏　中国　雲南駅
第51戦闘航空群第25戦闘飛行隊　ポール・S・ロイヤー大尉

**24**
P-40N（サブタイプとシリアル番号は不明）　1944年夏　中国　雲南駅
「白の212」　第51戦闘航空群第25戦闘飛行隊　フレッド・F・バーゲット中尉

**25**
P-40N-1（シリアル番号不明）「白の55」 1944年春　インド　アッサム
第80戦闘航空群第89戦闘飛行隊　ハーバート・H・ダウティ少尉

**26**
P-40N-1　42-104590　「白の44」 1944年春　インド
第80戦闘航空群第89戦闘飛行隊　フィリップ・S・アデア中尉

**27**
P-40N-1　42-104??4　「白の71」 1944年4月〜7月　インド　モラン
第80戦闘航空群第90戦闘飛行隊　サミュエル・E・ハマー中尉

**28**
P-40N-5　42-105009　「白の21」 1943年12月　中国　桂林
第23戦闘航空群第74戦闘飛行隊　ハーリン・L・ヴィドヴィチ大尉

**29**
P-40N-5　42-105152　「白の45」　1944年6月　中国
第23戦闘航空群第74戦闘飛行隊指揮官　アーサー・W・クルクシャンク少佐

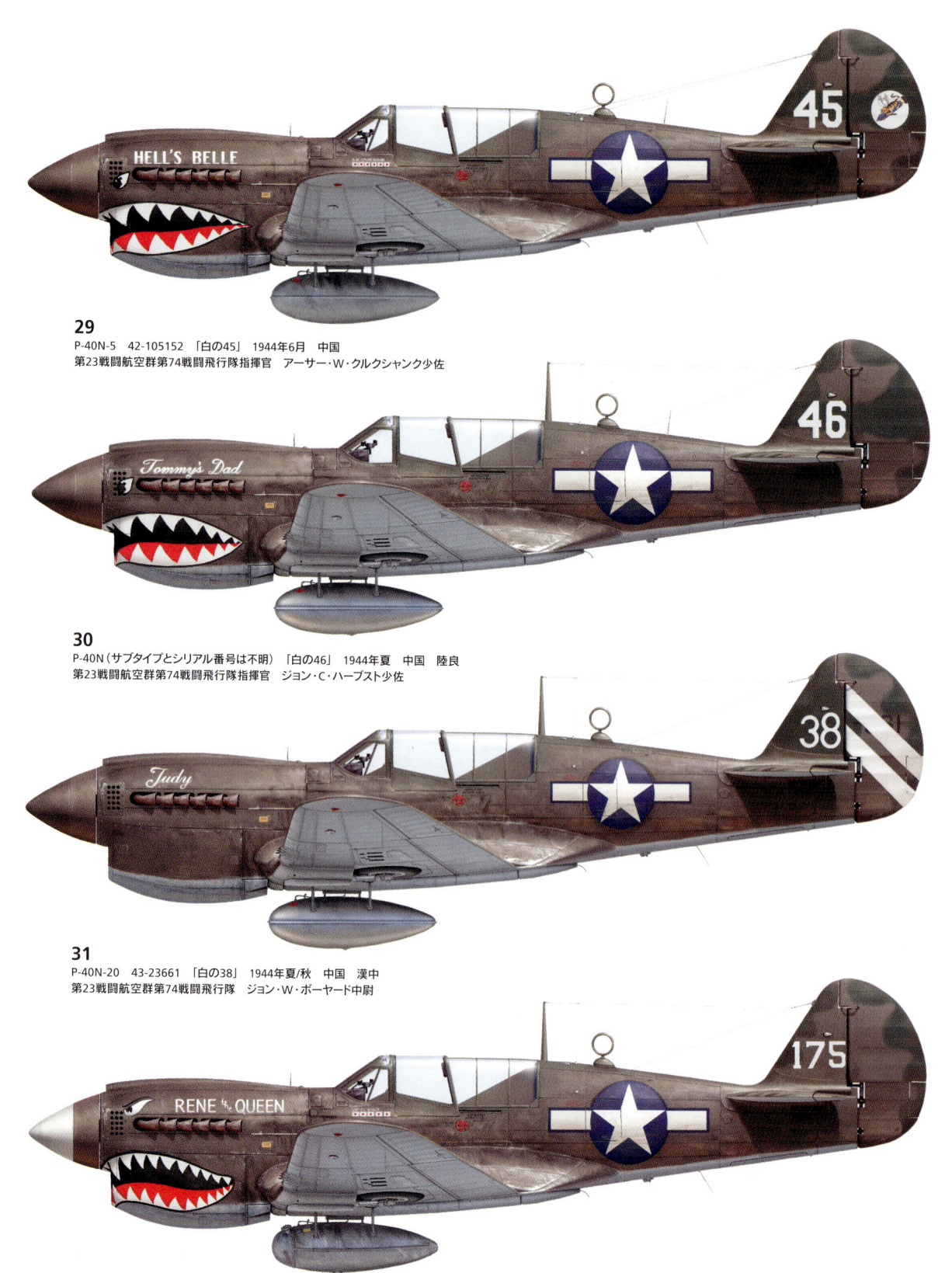

**30**
P-40N（サブタイプとシリアル番号は不明）　「白の46」　1944年夏　中国　陸良
第23戦闘航空群第74戦闘飛行隊指揮官　ジョン・C・ハーブスト少佐

**31**
P-40N-20　43-23661　「白の38」　1944年夏/秋　中国　漢中
第23戦闘航空群第74戦闘飛行隊　ジョン・W・ボーヤード中尉

**32**
P-40N-20　43-23400　「白の175」　1944年8月　中国　桂林
第23戦闘航空群第75戦闘飛行隊指揮官　ドナルド・L・キーグリー少佐

**33**
P-40N-20　43-23266　「白の194」　1944年7月　中国　桂林
第23戦闘航空群第75戦闘飛行隊　ドナルド・S・ロペス中尉

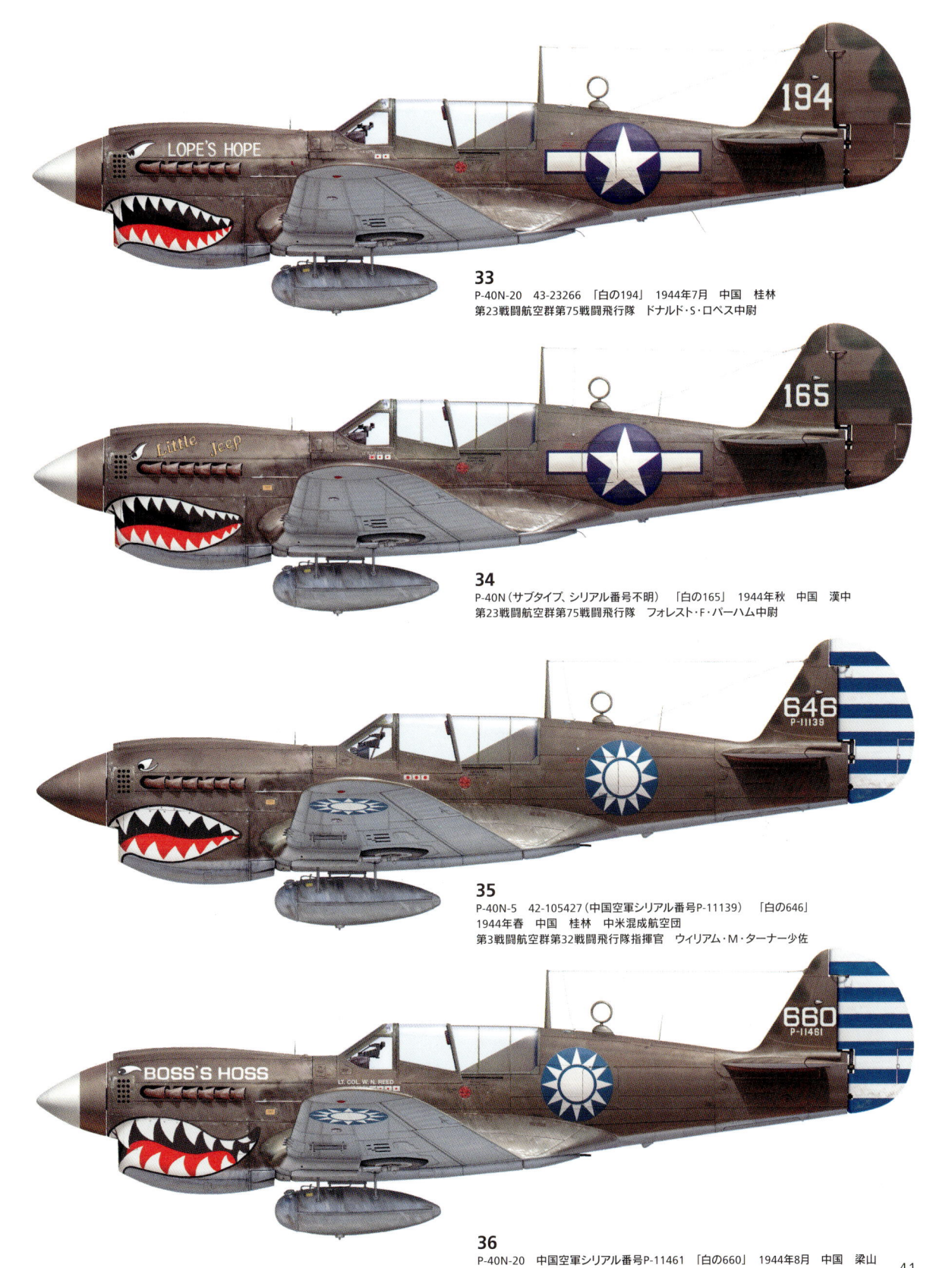

**34**
P-40N（サブタイプ、シリアル番号不明）　「白の165」　1944年秋　中国　漢中
第23戦闘航空群第75戦闘飛行隊　フォレスト・F・バーハム中尉

**35**
P-40N-5　42-105427（中国空軍シリアル番号P-11139）　「白の646」
1944年春　中国　桂林　中米混成航空団
第3戦闘航空群第32戦闘飛行隊指揮官　ウィリアム・M・ターナー少佐

**36**
P-40N-20　中国空軍シリアル番号P-11461　「白の660」　1944年8月　中国　梁山
中米混成航空団　第3戦闘航空群第7戦闘飛行隊指揮官　ウィリアム・N・リード中佐

**37**
P-40N-5　中国空軍シリアル番号P-11151　「白の663」
1945年1月　中国　老河口　中米混成航空団
第3戦闘航空群第7戦闘飛行隊　王光復大尉

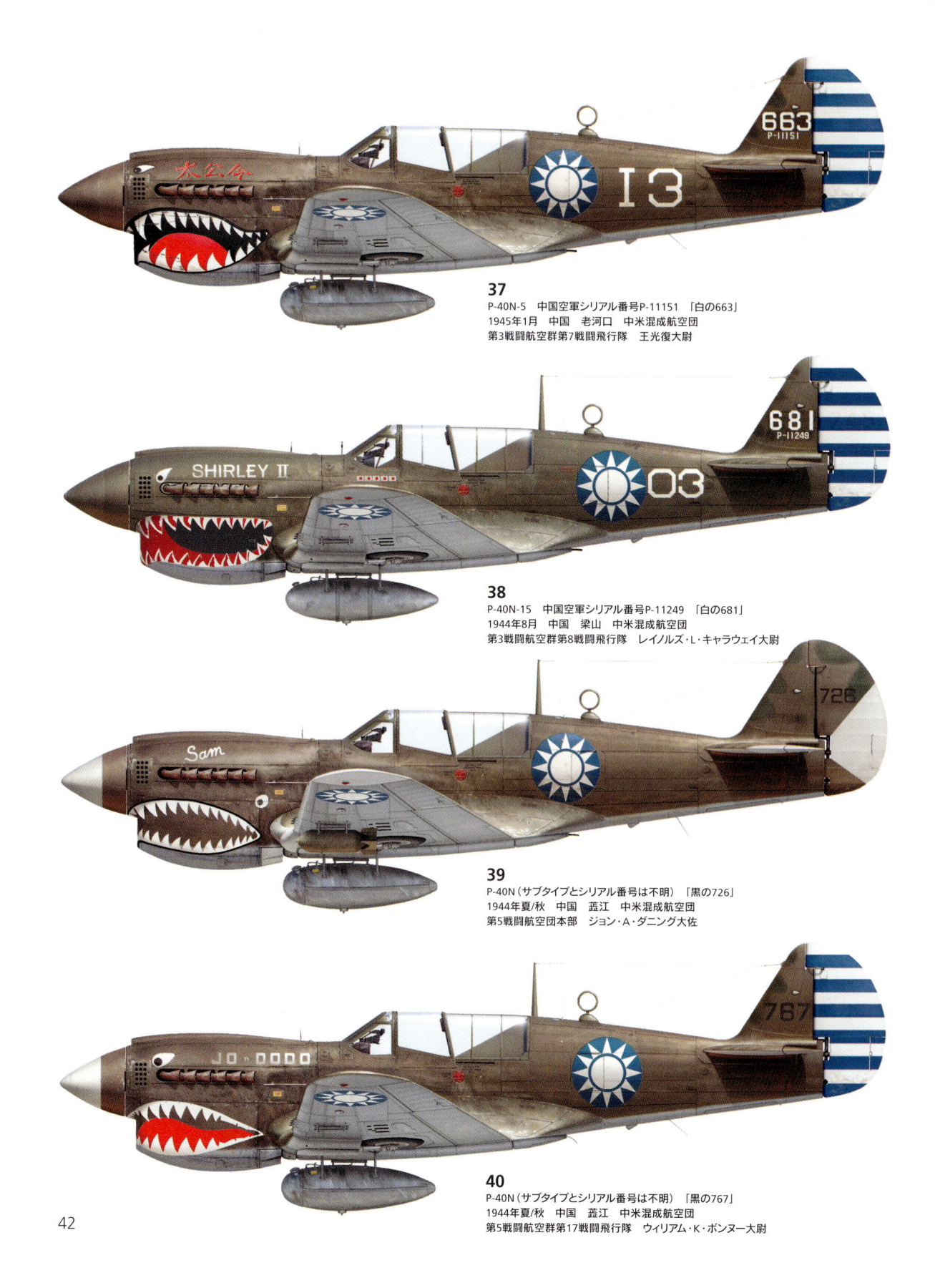

**38**
P-40N-15　中国空軍シリアル番号P-11249　「白の681」
1944年8月　中国　梁山　中米混成航空団
第3戦闘航空群第8戦闘飛行隊　レイノルズ・L・キャラウェイ大尉

**39**
P-40N（サブタイプとシリアル番号は不明）　「黒の726」
1944年夏/秋　中国　芷江　中米混成航空団
第5戦闘航空団本部　ジョン・A・ダニング大佐

**40**
P-40N（サブタイプとシリアル番号は不明）　「黒の767」
1944年夏/秋　中国　芷江　中米混成航空団
第5戦闘航空群第17戦闘飛行隊　ウィリアム・K・ボンヌー大尉

下に入り、日本軍が攻勢を発起した途端、日本の進攻部隊に対する攻撃を開始した。5月23日、ロンバード少佐は、第74戦闘飛行隊の2個小隊を率いて桂林から衡陽基地へと前進した。同じ日、グラント・マホニー少佐は、第76戦闘飛行隊を率いて洞庭湖の北西、揚子江の屈曲部にある宜昌への機銃掃射作戦に出撃、エースとなった。少佐は宜昌飛行場で、単機飛行中の九七戦に遭遇、たちまち撃墜したのである。少佐は宜昌飛行場でさらに2機の九七戦を撃破、かれの小隊は4両のトラックと燃料集積所を掃射した［5月23日、日本軍損害未確認］。

士気旺盛なマホニー少佐は、6月9日、19カ月の戦いを経て、帰国することになる。かれは第1特任航空群のジョン・アリソンとともに中国・ビルマ・インド戦域に舞い戻り、中佐に進級したかれは、1944年12月中旬にフィリピンで、P-38L型を装備した第8戦闘航空群に配属され太平洋での3度目の戦闘服務に着き、1945年1月3日、地上掃射中に対空砲火で撃墜され、戦死した。

1943年の6月を通して戦闘がつづき、第23戦闘航空群も創設から1年を迎えようとしていたが、部隊はトップエースのひとりを失うことになった。6月30日の夜明け、ジョン・ロンバード少佐は衡陽を出発し、洞庭湖北方へと天候偵察に出たが、7機撃墜のエースは密雲の下に入り、益陽近くの山腹に衝突死した。24歳の誕生日の前日であった。

1943年7月4日、第23戦闘航空群創設1周年の記念日、中国は全土が悪天候に覆われ、桂林の第74戦闘飛行隊の宿舎は土砂降りで水浸しになった。第75戦闘飛行隊の隊員は大雨を無視して、朝食に追加された卵1個と、夕食に出たグラス一杯のシャン酒（地元の火酒）を楽しんでいた。部隊の全員が、過去1年の勝利を思い起こしていた。かれらは中国東部で日本軍に対して前線を保持しつづけ、「ハンプ」の端を攻撃から守り、その間に171機の確実撃墜を公認された［1942年7月4日から1943年7月4日までに、第23戦闘航空群との交戦によるものと思われる日本軍の損害（各書から訳者集計）。九七戦1機（戦死1名）、一式戦32機（戦死30名、捕虜2名）、二式複戦3機（戦死5名）、九七重爆6機（戦死42名）、九九双軽2機（戦死8名）、百式司偵2機（戦死4名）。合計46機（戦死90名、捕虜2名）。その他、第23の報じた戦果九七戦、百式司偵各1機は、該当の損害も、落とされなかったことも確認できず。一方、第23戦闘航空群は空戦でP-40を11機失い、8名が戦死（その他、地上攻撃中に7名戦死、飛行事故で14名戦死）］。

その一方で、改善されたこともまた非常に少なかった。古いP-40は新型のK型、またはM型に更新されたが、P-40自体もはや盛りは過ぎていたし、数も少なかった。新鮮な肉類や、石鹸、衣料などの贅沢品はもちろん、燃料、弾薬の不足もそのままだった。もっと悪いことに、故国からの郵便は、たまに届けば上出来というありさまだった。

ブルース・ホロウェイ大佐は、昆明での第23戦闘航空群一周年記念パーティの席上、おどけた調子で、隊員とひどい状況を笑い飛ばそうとした。「1年前、本部隊は活動を開始した」と、念を押し、「以来、ここ昆明にはアメリカの雑誌1冊なかったが、かといって死に絶えることもなくやってこれた」。

誰ひとり笑わなかった。

chapter 2

# 密林の戦闘機隊
jungle fighters

　1942年1月12日午後、合衆国輸送船「プレジデント・クーリッジ」号はサンフランシスコ港のドックを抜け出し、外海に向かった。他の輸送船2隻、米海軍の巡洋艦1隻と合流し、クーリッジ号は合衆国の対日宣戦後、初めて本土から兵員を送り出す船団の一員となったのである。

　クーリッジには将校53名、下士官兵894名からなる米陸軍航空隊の第51追撃航空群の兵員も乗船していた。第51は第16、第25、第26追撃飛行隊の3個を以て、カリフォルニアのハミルトン・フィールド基地で1941年1月に編制完了して以来、ようやく1年になったところであった。士気旺盛な37歳の少佐、ホーマー・L・「テックス」・サンダーズの指揮下、第51は1年の間に急成長し、操縦者たちもカーチスP-40にも熟達した。開戦とともに、サンダーズは自分の部隊はすぐにも実戦加入できると宣言した。ところが中国の米義勇航空群の名声が高まるに連れ「ホーマー義勇航空隊」の異名をもつかれの部隊は行き詰まった。

　他の陸軍追撃航空群、第35、第49もまた船団に乗り、太平洋を横断しオーストラリアへと向かっていた。航海中はなにごともなく、2月1日、船はメルボルンに到着した。短期滞在の後、16名の新しい操縦者が第51に配属され、第49追撃航空群は分離され、残り2個航空群は西部オーストラリアのフリマントルへ移動した。

　当時、合衆国にとって戦況は思わしくなかった。ジャワで、合衆国陸軍戦闘機隊は必死で増援を求めていた。そこで、32機のP-40E型が、米海軍の航空機輸送艦である軽空母「ラングレー」にクレーンで移され、さらに分解されたままのウォーホーク25機が箱詰めにされ、輸送船「シーウィッチ」号の船倉に詰め込まれた。第51戦闘航空群の人員は箱詰めされたウォーホークとともに米海軍輸送艦「ホルブルック」号に乗船し、船団は2月23日、フリマントルを出航した。行き先を知っていたのはほんの数人であった。間もなく、ラングレーとシーウィッチは船団を離れ、ジャワに針路を向けたが、かれらが入港することはなかった。日本海軍の艦爆が航空機輸送艦に5発の直撃弾を見舞い沿岸で撃沈したのである。

　そのころ、ホルブルックはインド洋を横切り、セイロン［現・スリランカ］のコロンボに向かって進み、次いでパキスタンのカラチへと向かった。1942年3月

1942年5月28日、エドワード・ラクール少尉の操縦で離陸中にエンジンが停止して墜落、カラチで最初に失われた第16戦闘飛行隊の機体のひとつ、P-40E型「白の14」号機、シリアル番号41-5635。機体に描かれている赤丸付きの戦前型国籍標識に注意。2ヵ月後、ラクールは2機目のP-40の墜落で死亡することになる。

アッサム基地の警急待機所のそばでくつろぐ第26戦闘飛行隊のエドワード・M・ノルマイアー大尉（左）と、ジョージ・グラマス。ノルマイアーはインド駐留中に日本機2機を撃墜、さらに戦果を伸ばしつづけ、飛行隊初のエースとなった。かれが最初に割り当てられた機体はP-40E型「白の95」号機であった。グラマスは1機の空戦戦果も記録することなしに戦闘服務期間を終えた。

12日、第51戦闘航空群はその港に陸揚げされたが、部隊の兵力が満たされ、戦闘態勢が整うまでここで半年を過ごすことになろうとは、誰ひとり知る由もなかった。

第51戦闘航空群は、1942年2月に、日本と戦う中国を支援するために創設された第10航空軍に配属された。しかし、たった10機の飛行機と定員割れした操縦者しかもたない部隊にはたいしたことはできなかった。不十分な数にもかかわらず、P-40はマリール基地の巨大なR.101格納庫で組み立てられ、操縦者たちは限られた日程のなかで慣熟訓練を始めた。この退屈な訓練は5月までつづいた。その月の10日、ジョン・E・バール中佐率いる68機の増援機が、西アフリカ沿岸を航行中であった米海軍航空母艦「レンジャー」から飛び立ったのである。そのP-40はカラチに向かった。

2週間以上にわたって、アフリカ大陸や中東に向かう操縦者たちがマリーア基地を通って行った。なかには、アーサー・クルクシャンク中尉、エドマンド・R・ゴス中尉、ロバート・L・ライルズ中尉、エドワード・M・ノルマイアー中尉など、未来のエースが数多く入っていた。ウォーホーク（ほとんどがP-40E-1型だったが、P-40K-1型もいくらか混じっていた）は、カラチに到着するまで上々の状態とはいえず、地上勤務者たちは機体を作戦可能にするため大忙しとなった。P-40が全機無事にカラチに着き、いまや第51戦闘航空群も、とうとう戦闘航空群らしくなりはじめた。

## ささやかな始まり
Starting Small

米義勇航空軍の解隊日が近づくと、第10航空軍の作戦を継続するために第51戦闘航空群は1個戦闘飛行隊を中国に送られることになった。それに従って、第16戦闘飛行隊は6月22日、第23戦闘航空群に分遣されるために昆明に出発した。翌日、第26戦闘飛行隊の古参操縦者3名がビルマへの偵察飛行のために、アッサム地方のディンジャンへの進出を命じられた。この任務に選ばれた操縦者は、スラシュリー・M・「アンディ」・ハーディ大尉、ジャック・G・ハミルソン中尉、ジョン・「スウェード」［スウェーデン人］・スヴェンニングソン中尉であった。地上勤務者は誰

第26戦闘飛行隊のジャック・ハミルトン中尉は、1942年6月下旬、ビルマ偵察のために、最初にアッサムのディンジャンに送られた3名の米陸軍操縦者のひとりであった。機付兵なしで派遣されたため、操縦者自らが自分の機体と兵装の整備を引き受けなくてはならなかった。1943年春、ハミルトンとかれのP-40K型「白の80」号機。

1942年10月19日、第26戦闘飛行隊のアルヴィン・ワトソン中尉が撃墜したキ46「百式司偵」のばらばらになった残骸。この偵察機はマルガリータの南方60kmの密林に墜落、第51戦闘航空群最初の確実撃墜戦果となった。写真左側の尾翼に描かれたよく目立つ飛行第81戦隊第2中隊の標識に注目。

1943年7月10日、モケルバリでマーキングを入れたP-40K型と一緒に写された第26戦闘飛行隊、B小隊（エイトボール［要領の悪い奴］分遣隊）の整備班。ウォーホークの垂直安定板にかろうじてもともと書かれていた「87」の番号が見える。立っているのは、左からハドソン軍曹、パッチン上級軍曹、ウォッシュバーン上級軍曹、ジーツ技術軍曹、しゃがんでいるのは、左からバークリー上級軍曹、モーラー上級軍曹、ハイザー上級軍曹、シュルツ上級軍曹、ゴダード軍曹と、マッカロン上級軍曹。

も送られなかったので、操縦者が自分等の機体と兵装の整備を引き受けなければならなかった。ジャック・ハミルトンは筆者への手紙で当時を以下のように回想している。

「そこの先任将校はボートナー大佐だった。ディンジャンには古いP-40B型が3機あった。一度に1機しか飛べなかった。飛ぶためには他の2機から部品を融通しなければならなかったからだ。雨季だったため、天候は見る見る悪くなっていく。天気に慣れ、ブラーマプトラ河と山々の頂など航法の助けになる地形の特徴を覚えるために、まず付近を飛び回った。北部ビルマ上空を飛ぶ前に、こんな具合に代わる代わる飛んでいた。我々はお茶農園主の家に蚊帳を張った陸軍の簡易寝台を置いて暮らしていた。食事は地元の住民が用意してくれていたことを思い出す。最初のころ、ハンプ越えのDC3は1ダースほどだった。中国国営航空公司がそこにあったが、思い出してみると以前路線パイロットだった者がその会社に呼ばれて現役で飛んでいた。1942年6月にチャブアの建設が始まるまで、ディンジャンが唯一の作戦飛行場だったと思う。『ア

1942～1943年、アッサムのモハンバリにあった衛星飛行場から、第26戦闘飛行隊のウォーホーク1個小隊が作戦を行っていた。英国の茶農園にあったこの建物は、戦争中、警急待機小屋に使われていた。第26戦闘飛行隊は後に、第80戦闘航空群の小隊にとって代わられた。

ンディ』と『スウェード』とわたしは、1942年7月8日までビルマ北部への単独偵察を行っていた。『アンディ』が飛ぶ番だった日のことだ。わたしはかれと一緒に飛行機のところへ行き、離陸の前、主翼の上に立ってかれの幸運を願ったことを覚えている。かれはそれきりまったく消息を絶った。4時間たっても、かれは戻らなかった。わたしは事務所で、陸軍がわれわれに単独偵察をさせたことを難詰していた。作戦には2機で飛ぶべきだと思っていたのだ。事務所にいたボートナー大佐は不平を聞いていた。かれは事務所からでると、わたしを厳しく叱責し、これ以上そういうことを言うようなら軍法会議行きだと脅した。『スウェード』とわたしはディブルガーに行き、85ドル払ってスコッチを5分の1ガロン買って、この件はなかったことにした。数日後、ロイ・サンティーニと、スタンリー・コウムズが2機のP-40と一緒にディンジャンにやってきた。またアリソン社の販売代理人、アーン・バットバーグが昆明からハンプを越え、エンジンを調子よく動かす手伝いにやってきてくれた」

　ジャック・ハミルトンはその後、ブラーマプトラ河北側にあった芝の飛行場、リリバリ基地のP-40小隊長となり、1943年に帰国するまでに敵地上空への偵察飛行50回を果たした。

　カラチでは第25、第26戦闘飛行隊が1942年の夏いっぱい、じりじりしながら待機していたが、9月中旬、とうとう第26にディンジャンへの移動命令が出た。第26戦闘飛行隊の全兵力、30機のP-40は10月1日までに、第51戦闘航空群本部の施設とともに新基地に勢揃いした。10月末には、第25戦闘飛行隊の2個小隊がソーケラティンの衛星基地に配置されたが、第51戦闘航空群の初交戦には間に合わなかった。

## ■ハンプ防衛
Defending the Hump

　日本軍の偵察機は兵力増強中のディジャンから目を離さなかった。10月19日、第26戦闘飛行隊のアルヴィン・B・ワトスン中尉は、基地に接近中のキ46百式司偵の捕捉を試みるために緊急出動した。できる限りの速さで上昇し、マルガーリタの65km南方付近で百式司偵を捕まえ、長い連射を見舞った。百式司偵はたちまち炎に包まれ、密林に墜落、第51戦闘航空群初の確実撃墜戦果となった［10月19日、81戦隊の百式司偵、藤本中尉機が印緬国境付近に不時着（後日2名とも生還）］。

　1週間後、日本軍は戦爆96機で、警報もないままディジャン［チンスキヤ飛行場群］上空に出現し、航空群を奇襲した。爆撃機は焼夷弾と、対人爆弾を飛行場地区に投弾し、次いで、戦闘機が舞い降りて飛行場の施設と、地上の航空機を機銃掃射した。3機のP-40、2機のP-43が破壊され、13機のP-40が損傷したが、幸運にも負傷者は1名だけだった［攻撃後の司偵偵察による日本側の戦果判定は、大型機10機、小型8機炎上。大型8機、小型12機撃破］。

　攻撃部隊と交戦できたP-40は数機だった。第51戦闘航空群指揮官のホーマー・サンダーズ大佐と、航空群の技術将校、チャールズ・ダニング大尉は、攻撃部隊が接近してくるのが見えたとき、ちょうど偵察飛行に離陸するところであった。日本機編隊の後方へと上昇し、P-40は爆撃機を護衛していた飛行第50、飛行第64戦隊の一式戦15機を攻撃した。編隊の右側へ接近し、サンダーズは右編隊の長機を狙ったが、別の一式戦が素早く宙返り反転し、ダニング機の後方に着き、撃ち落とした［サンダーズが狙ったのは50戦隊の第3編

隊長、福井中尉機。反撃したのはその2番機、穴吹智軍曹機と思われる。詳細は『蒼空の河』穴吹智著・光人社NF文庫・1996年を参照]。

　サンダーズは一式戦が引き上げるまで、40分にもわたって戦い続けたと記録している。

　機銃掃射が終わると、6機のP-40が離陸し、ビルマに帰る攻撃隊を追尾した。しかし、帰還中の日本編隊を捕捉し、一式戦1機を撃墜できたのはウィリアム・R・ロジャーズ中尉だけだった。サンダーズ大佐もキ43撃墜2機を公認された[10月25日、8戦隊の九九双軽を護衛する50戦隊、14戦隊の九七重爆を護衛する64戦隊の一式戦など、計120機に及ぶ編隊はチンスキヤを攻撃。64戦隊一式戦は不時着1機(生還)。地上掃射を行った50戦隊第2中隊の一式戦3機未帰還(戦死3名／村上中尉機は対空砲火を受け、反転自爆。他2機は原因不明)。被弾9機。P-40撃墜4機を主張]。

　第26の第一等のエースとなる定めのエド・ノルマイアー中尉は、24時間後、日本機が衛星飛行場であるモハンバリと、モケルバリを機銃掃射したとき、最初の撃墜戦果を報じた。敵機が基地に針路を転じたとき、P-40の高速を利用してディグボイの30km南でキ43を1機仕留めたのである。その日の早い時間、第26戦闘飛行隊に派遣されている第25戦闘飛行隊の操縦者、アイラ・M・サスキー中尉がディンジャン付近で、かれの飛行隊初の戦果として双発偵察機の撃墜を報じた[10月26日、50戦隊、64戦隊は戦闘機のみの進攻を行ったが、P-40は空中回避を行い、空戦は低調で、一式戦は全機帰還。同日、81戦隊は百式司偵1機喪失(戦死2名)]。

　日本軍の最後の攻撃は10月28日、今回は防衛側も用意を整えていた。敵爆撃機の第一波17機がモハンバリ[チンスキヤ第1飛行場]への投弾を始めた10分後、12時40分、7機のP-40が離陸した。最初に接敵した5機のP-40の操縦者、K・C・[ケーシー]・ハインズ中尉は後に、初めての交戦を生き生きと書き残している。

　「わたしはモハンバリで緊急服務中だった。朝のある時、小隊長のひとりと、わたしは2時間の哨戒飛行に上がった。空襲が始まって以来、敵機の接近を報せる警報の発令が非常に遅いため、我々はいつも高度5400mを保って飛ぶようにしていた。20分ほど哨戒していると、小隊長機のエンジンが不調になり基地へ戻っていった。15分後、誘導班から無線が入った『全機、最高高度。敵機は非常な高空で接近中』。わたしはきっかり6000mまで上昇、『チャブア被爆中』の無線が入ると、上空を索敵した。ちょうどチャブアを真上にいたので、見下ろすと爆発が見えたが、飛行機は1機も見えなかった。敵機の迷彩は効果的で、眼下の密林に完全にとけ込んでいたのである。そのとき敵機は、ミシシッピ河のように広い、ブラーマプトラ河の上に出て、450m下に9機編隊がはっきり見えた。エンジン全開、兵装スイッチをすべて入れ、降下に入った。最初の攻撃航過で先頭の爆撃機を

アッサムにいたP-40部隊は常に空からの脅威にさらされていたので、地上勤務者たちは使える植物はなんでも利用して、戦闘機の偽装に努力した。このウォーホークは密林を防護壁としている。駐機場に竹が敷き詰められているのに注意。

1943年2月25日、第26戦闘飛行隊のジョン・F・「ジェイク」「田吾作」・クーナン中尉はこのP-40K型で確実撃墜1機、不確実1機の戦果を報告した。この日、第51戦闘航空群は大規模な空中戦を演じ、まったく損害を受けずに撃墜確実12機、不確実14機、撃破6機の損害を報告した。

狙おうと決心した。誘導班に戦闘機の出現は報告されているかと、尋ねると、答えは『報告されていない』というものであった。わたしには新情報を伝えた。6機ないし、8機の敵戦闘機が爆撃機の上を乱舞していたのだ。左側にいた戦闘機が機首を上げた。通り過ぎたらうしろに忍び寄ろうとしているのかもしれないが、むしろいい標的となってしまった。わたしは直感的に機首を向け、発砲した。興奮の余り、照準機の電源を入れ忘れていたが、曳光弾が敵機のカウリングの前方に飛んだため、確かに落とすために、単に射線をエンジンから操縦席へと移すだけでよかった。P-39の.03口径（7.7mm）の機銃を一度に1挺しか発砲したことがなかったわたしは、.50口径（12.7mm）6挺の破壊力にまったく唖然とした。ジャップに衝突寸前まで迫り、機銃は敵機を貪り喰った。その敵機はその後、ブラーマプラ河の西岸に墜落しているのを発見された。戦闘機への攻撃によって、狙っていた爆撃機とその周囲にたくさんいた敵機に対する攻撃は失敗した。ふたたび攻撃を試みるためにはいったん距離をとって高度を稼がなくてはならない。敵編隊を見失ったとき、わたしは単機で飛ぶP-40を見つけ、安堵して編隊を組んだ。そのP-40と合同してから2分もせぬうちに、ナガ・ヒルに向かって針路を東にとっている爆撃機の編隊を見つけた。僚機に東への旋回を通告。連絡が聞こえなかったのか、誤解したのかかれは西に旋回してしまった。爆撃機は13kmばかり先、高度は150mほど低かった。エンジン全開で、発見した敵機を追跡したが、なんとその遅いこと。射程に入る前に、わたしは高射砲の黒煙に取り囲まれた。爆撃機の編隊のそばには高射砲火が見えない、眼下の英軍の高射砲兵は爆撃機の大編隊を無視して、たった1機の戦闘機を狙っているのだ。妙なことに、撃っていたのが友軍だったから、危ないとは思わなかった。射程に入ったとき、わたしは9機編隊、右端後方の爆撃機の真うしろにいた。曳光弾は敵機の右翼に伸び、やや修正の後、右舷エンジンに命中、即座に発火させた。発砲しながら、ゆっくりと左に旋回。曳光弾で編隊全体を掃射。

P-40K型「白の82」号機の前に立つチャールズ・「ハンク」・コーウェル大尉と、機付長。第26戦闘飛行隊所属のこのウォーホークは標準的な2色迷彩を施され、主翼下面には「合衆国陸軍」の文字を入れている。操縦席の下にはコーウェルの氏名とふたつの撃墜マークがあるが、かれの公認戦果は確実撃墜1機と、撃破1機であった。コーウェルは1943年6月2日、飛行事故で殉職した。

最後の1機が照準機の視野から消えるまで撃ちつづけた。旋回をつづけ、わたしはモハンバリに向かって緩降下して行った。弾薬を撃ち尽くし、空襲の前から哨戒していた上、長時間エンジン全開で飛びつづけていたので、燃料も非常に乏しくなっていた。日本機の編隊を一瞥すると、1機が編隊から1.6kmほど遅れているのが見えたが、かなり遠かったので全部で何機残っていたかはわからなかった。あの野郎の火災は消えちまったんだと思った。誘導班は在空機に対し『モハンバリは滑走路に被爆。着陸禁止。サディアに行け』と放送していた。そんな飛行場は知らなかったし、探して飛び回れるほどの燃料が残っていなかったので、わたしはモハンバリへの針路を変えなかった。わたしは爆弾孔で一度跳ね、もうひとつを避けて無事に帰ってきた」

　K・C・ハインズはこの作戦で撃墜確実2機を公認され、他4機の操縦者が撃墜不確実1機と、撃破6機を認められた。ハインズは中国・ビルマ・インド戦域にくる前に、パナマでP-39に乗っており、1942年11月にはP-40K型を空輸して中国に行ってしまった。そこで第23戦闘航空群、第75戦闘飛行隊に転属になり、戦闘服務の残りの期間を中国で過ごしたが、それ以上戦果をあげることはできなかった［1942年10月28日、ハインズ中尉が撃墜したのは64戦隊の加藤富茂曹長機（戦死）、また右発動機を発火させたのは8戦隊第2中隊機（燃料切れで不時着大破、負傷1名）と思われる。この日の未帰還機は加藤機のみ。詳細は『蒼空の河』を参照。またP-40、4機の攻撃で14戦隊の九七重爆4機が被弾、うち1機は着陸時に大破］。

　1942年中、日本機はもうアッサムには出現しなかった。第51戦闘航空群の2個飛行隊は警戒に残しつつ、ハンプの哨戒もつづけたが、北部ビルマの地上攻撃にも分遣隊を出した。1942-43年の冬を通して、P-40は橋、道路、列車、ミートキーナとラシオの飛行場などを機銃掃射し、爆撃した。場合によっては、日本軍戦線後方のビルマ人の村に、抵抗運動を煽り励ますためのビラや物資を投下した［当時、ビルマ人は一般に親日的で、ビルマ人と反目するカレン族など、キリスト教系の少数民族だけが親英派であった］。

## 新しい年、新しい挑戦
### New Year, New Challenges

　1943年が明けると、第25、第26戦闘飛行隊は日本軍が新たな活動を起こす兆候に気づいた。オード・ウィンゲート准将が北部ビルマで日本軍戦線背後における遊撃戦を始めていたにもかかわらず、日本陸軍はマンダレーからビルマ最北部のフォート・ヘルツへの進撃を開始した。そこは、連絡の要所でありまた、自慢の緊急飛行場であり、ここの失陥はハンプ作戦の重大な妨げになるだろう。日本軍の前進に応えて、第51戦闘航空群は連合軍を支援するために、兵力を投入し、日本軍の生命線である連絡線、補給線を切断した。

　その結果、アッサムの飛行場は日本陸軍の優先攻撃目標として上げられるという脅威に曝されることになった。1943年1月10日と、2月11日、ディンジャンを取り囲む飛行場いくつかで緊急警報が鳴り響いたが、2回とも実際に日本機は襲ってこなかった。2月23日午後遅く、98戦隊の爆撃機28機がチャブアを叩いた。雲の多い空から降下し、飛行場に爆弾50発を投下し、第51戦闘航空群の戦闘機が接触してくる前に密雲のなかに逃げ込んだ。損害は軽微であったが、これは準備運動に過ぎなかった。

　第51戦闘航空群は、シェンノートが中国でやっているように早期に空襲警

報を出せるように、ディジャン基地東方のナガ・ヒルに監視哨を数珠繋ぎに配置した。2月25日、6時35分、コーラ・ガの監視哨KC-8が、日本軍の大編隊がビルマ方面から接近中との無線を発した。数分のうちに第25、第26戦闘飛行隊のP-40が32機、上昇していった。日本軍の兵力は爆撃機27機、戦闘機21機、北方にあるビルマのシュエボ基地から飛来したが、目標付近で雲に阻まれた。

　編隊はスーケラテインを飛び越え、180度旋回し爆撃進入のために雲の下に降下した。これが、P-40に効果的な邀撃の機会を与えた。

　一式戦小隊を率いて最上層を飛んで掩護していた64戦隊の黒江保彦大尉は、1機のP-40が爆撃機の上に降下してきたのを見た。爆撃機1機が爆発[黒江大尉は高射砲の直撃と回想]し、つづいてウォーホークが次々と襲いかかってきた。64戦隊を率いる明楽少佐は上方からのP-40、2機の攻撃を回避し、正面から来た2機と撃ち合った。かれは破れ、キ43はこの古強者を乗せたまま錐揉み降下し、大地で炎上した。明楽少佐は3日前に64戦隊の戦隊長に任命されたばかりであった。

　P-40はスーケラテインとディグボイの間で日本機を撃墜した。一式戦は爆撃機を護ることができず、第51戦闘航空群はアッサム上空における最大の戦果を記録した。P-40は全機無事に着陸、操縦者全員の戦果を総合すると確実撃墜12機、不確実撃墜14機、撃破6機を報じた。第25戦闘飛行隊で戦果を公認されたのは、アール・リヴゼイ大尉、ジャック・アーウィン中尉、アイラ・サスキー中尉、一方、第26は、チャールズ・コーウェル大尉、「スウェード」・スヴェンニングソン大尉、ライル・ボーリー中尉、ジェイク・クーナン中尉、ジョン・フォートJr中尉、アーサー・グレッグ中尉、エド・ノルマイアー中尉、ウィリアム・パッカード中尉、アルヴィン・ワトスン中尉[2月25日、98戦隊九七重爆2機喪失。64戦隊一式戦1機喪失(戦死)、1機被弾。P-40撃墜5機を主張。第51戦闘航空群は一式戦撃墜6機、九七重爆撃墜6機を主張。P-40損害なし]。

## ■ より大きな爆弾
Bigger Bombs

　1942年5月、米海軍空母レンジャーからP-40を率いてやってきたパイロット、ジョン・E・バールは、創意に富む男だった。バール大佐が、第51戦闘航空群の先任将校として1943年初頭、ディジャンにきたとき、かれはP-40と基地を共用しているB-25に補給された1000ポンド(454kg)爆弾の山を目にした。かれは爆弾を見つめ、そして近くに駐機されていたウォーホークを見た。第51戦闘航空群はこれまでいつも、300、500ポンド(136、227kg)爆弾を非常な正確さで投下してきた。P-40は『千ポンド』を積んでも同じことができるはずだと、バールは思った。そこで、かれはパイロットの一群を呼び、かれの考えを試してみることにした。そのなかのひとり、ヘイゼン・ヒルヴィー中尉は後年、そのときの経験を回想している。

「1000ポンド爆弾が扱えるかどうかは人次第だった。第26なら『ビッグ・エド』・ノルマイアーとわたし、第25はジョン・キース中尉、ロバート・マックラング中尉、ウィリアム・バートラム中尉、本部ならばバール大佐である。全員、選りすぐりの戦闘機乗りで、爆撃作戦に必要な、腕の良さ、勇気、意思の強さ、決断力は隠れもないものであり、たがいにそれを尊重していた。爆弾の投下は簡単なことだった。ただ我々に割り当てられた目標が、当てにくい、またはよく

護られているとかで、特別だったのである。とくに鉄道橋や、重要な建物、スキップボミング（跳飛爆撃）でトンネルを狙うとき、至近弾では効果がない。跳飛爆撃のときには遅延信管を使うが、橋は瞬発信管でなくてはならない。重要なのは、爆発に巻き込まれないぎりぎりまで接近して投下することだ。操縦者が目標に気を取られたあまり低く飛びすぎて、自分の爆弾の爆風で機体に損傷を受けた例がいくつかあった。われわれは60度の角度で降下、P-40はたいがい560から、640km/hの速度を出した。機体を立て直すのに忙しくて、そして引き起こした途端、ブラックアウトする［遠心力で血液が脚の方に下がり視野が真っ暗になる］ため、急降下の結果はすぐにはわからない。当たれば、戦友の感嘆が聞こえる、外せば聞こえない。爆撃照準機はない、普通の射撃照準機だけだ。照準機の縦線に目標を捉え、それに沿って正確に降下する。それがどのくらい良くできるかによって、正否の確率が決まる」

　1000ポンド爆弾が初めて本物の目標に使われたのは、1943年3月21日、バール大佐と5人の操縦者が、上空を2機のP-40に護られて、ビルマのモーグアングを攻撃したときであった。爆弾6発全部が目標範囲内に命中し、全機が無事に帰還したと報告されている。数カ月間のあいだに、バール大佐は第51戦闘航空群の操縦者全員に1000ポンド爆弾投下法を伝授した。

### ■ 最後の戦い
#### Final Encounter

　第51戦闘航空群はもう一度だけ、ビルマ、アッサム上空で日本機と遭遇した。1943年4月8日、第26戦闘飛行隊のチャールズ・T・ストレート中尉は、アッサムの基地を偵察にきたキ46百式司偵「写真屋ジョー」を邀撃するため、飛行隊の軽量化P-40E-1型「72号機」で離陸した。40年後、チャールズ・ストレートはかれの飛行機について書いている。

「外部塗装はオリーヴドラブ（茶褐色）で、特に変わったマーキングはなかった。どのくらい軽量化されていたかというと、装甲板はすべて撤去し、ひとつだけ残して無線機も降ろし、.50口径（12.7mm）機関銃は6挺のうち4挺を外し、両翼1門ずつの弾薬も半分に減らしていた。燃料タンクはそのままだったが、入れる量は半分にした。機体は言葉にできないほど軽くなり、飛行性能は素晴らしく、上昇率は普通のP-40の倍になった」

　ストレートはキ46撃墜帰還後、即座に下の戦闘報告書をしたためた。
「11時56分、わたしは削ぎ落としP-40の72号機で舞い上がった。飛行場の上空をふた回りし、毎分510mの率で上昇。高度2600mに達し、誘導班を呼び出して、標的が、頭上4500mに居ることを知った。エンジン出力を毎分2700回転に、マニフォールド圧［スロットル開度］を38インチに上げた。P-40は毎分600mで上昇しはじめた。誘導班は標的の方角は南だと報せてきた。すぐさま、機首を転ずる。下の連中

インドのサディアにて、第25戦闘飛行隊のP-40E型と整備兵。ここのウォーホークは、なんとゴルフ場のフェアウェイから出撃していた。戦闘機の前に立つのは兵装係のアート・サイタス、そのうしろ、翼の上にかがんでいるのはカーチス・ライト社からの「派遣技術者」。原始的な野外作業に注目、アッサムではこれが普通だった。

は、すぐ無線で標的は北西だと言ってきた。わたしはそっちに旋回し、雲の嶺を見上げ、敵機が300m上空、約400m先にいるのを見つけた。敵機の針路を横切るよう機首を振った。敵機はわたしが迫っているのを感知し、右に緩やかに旋回し、機首を落とし、北西に向かって雲の嶺へ達しようと試みた。敵機の加速はP-40よりも優れ、わたしを見る見る引き離して行った。スロットルをいっぱいに押し、敵機の針路を扼するため、針路を東北東にとった。速度計は430km/hを指し、敵機の真うしろについた。高度は2400mだった。

敵機は降下をつづけ、わたしは急速に間を詰めて行った。

「兵装と、照準機を使えるようにして、直射距離に入るのを待ち、右舷エンジンナセルを狙って発砲した。曳光弾がエンジンナセルに吸い込まれて行き、機関銃は沈黙した。敵機の右側に上昇すると、黒煙が見えた。わたしは敵機と平行に飛びながら機銃へ装填した。それから緩い8の字型を使った偏差航過を行った。右の機銃が発砲するまでこれを四度繰り返した。この方法でさらに2航過し、次いで左舷エンジンに射弾を集中した。敵機の右舷エンジンはまだ回っていたが、発煙はますます大きくなっていた。うしろを向いている偵察者はP-40の動きを追って頭を振っていた。操縦者が行った回避運動は時折、少し旋回するだけで効果はなかった。敵機は撃ち返してはこなかった。我々が山脈に達しようとしているのに気づき、わたしは敵機を山地から引き離しておこうとした。その方向から逸らすために、敵機の頭上を飛び抜けた。そのとき、片方の主翼が黒く焦げ、ナセルの後方にちらつく炎から煙が出ているのを見た。わたしは距離270m、150mの優位から降下をはじめた。敵機はP-40の攻撃航過から逃れるため機体を傾け、谷の方へ旋回した。ちょうど90mの距離から右翼に発砲した。わたしは機体を引き起こし左に出て、敵機の頭上、高度1500mから注視した。敵機は右に横転、背面になり、機首を大地に向け、急降下して行った。

「地面に当たり爆発するまでに、敵機はもうほとんど炎に包まれていた。敵機の墜落を追って降下してから、輪を描いて飛び、自分の位置を見いだそうとしたが、座標がわからなかった。わたしを探すために、4機のP-40が派遣された。かれらはとうとうわたしを見つけ、わたしの案内で墜落地点を観察した。位置を確認し、13時5分、基地に帰った［4月8日、犠牲になったのは、81戦隊の百式司偵、芝原中尉機であった］」

ストレート中尉の戦果は、第10航空軍傘下にあった第51戦闘航空群の最終戦果だった。航空群は1943年の夏いっぱいアッサムの基地から飛びつづけたが、雨季の悪天候が作戦飛行の多くを阻害した。1943年9月12日、第10航空軍司令部から、第51戦闘航空群は中国に移動、シェンノート将軍の第14航空軍傘下に入るべしとの命令が届いた。

1943年、サディアの竹藪にいる第25戦闘飛行隊のドナルド・W・マックスウェル中尉とかれの「リズ」P-40K型、シリアル番号42-46261。かれの戦闘機は第25戦闘飛行隊の目立つ「アッサム・ドラッギンズ」の青または黒い唇に赤い舌をもつ龍の口を描いている。マックスウェルは1943年7月に第80戦闘航空群へ転属になった。

1943年12月10日、日本機との最初の遭遇で撃墜2機の戦果を報じた、第89戦闘飛行隊の指揮官ウィリアム・S・ハレル大尉。ハレルのP-40N-1には第80戦闘航空群の派手などくろが描かれている。型紙を使って描いているわけではないので、機首のどくろはそれぞれ違っており、ハレル機のものは顎から血を滴らせている。

## ビルマ・バンシーズ
The Burma 'Banshees'

　ほぼ1年にわたって新型のP-47で訓練を受けた後、第80戦闘航空群の覇気溢れる操縦者たちは、1943年5月10日、ドイツ空軍と戦うため、英国に向けてニューヨークを出航した。しかし、船団は大西洋を東には向かわず、南アフリカのケープタウンに向かい、次いでアフリカ東岸を北上、6月29日、カラチに着いた。

　トラックに乗って24km、部隊はシンド砂漠の端、ニューマリア駐屯地に向かったが、そこでかれらを待っていたのはP-47ではなく、中国で米義勇空軍と、第23戦闘航空群が実戦に使った後引退した、数機のP-40B型と呼ばれる使い古しのカーチス・ホーク81型であった。この飛行機で訓練を始めて数カ月、新しいP-40N型が第88、第89、第90戦闘飛行隊に到着しはじめた。次なる驚きは、第51戦闘航空群で経験を積んだ一群の操縦者が、第80戦闘航空群に転属してきて、部隊の基幹将校と交代させられたことであった。

　第51戦闘航空群の中国移動に伴い、第10航空軍は、経験を積んだ戦闘機乗りを確保し、アッサム地方を引き継ぐ新しい部隊の中核にしようとしたのである。その結果、第80戦闘航空群の指揮は、本国でかれらを訓練してきたアルバート・エヴァンズ少佐から、アイヴァン・マクエルロイ大佐に替わった。そしてエヴァンズはマクエルロイが半年の戦闘服務を終えて帰国した後に指揮を引き継ぐまで、部隊の先任将校を務めた。もうひとりの古強者、第26戦闘飛行隊のジョン・「スウェード」・スヴェニングソン大尉は、第89戦闘飛行隊の指揮官となった。

　同時に、第89戦闘飛行隊が自らが編成された飛行場、ナガガーリと、サディアで、1943年9月上旬に、アッサムで最初に戦闘態勢に入った。次いで、同月の下旬に第88戦闘飛行隊が、モケルバリと、リリバリ飛行場でそれに戦闘態勢に入った。第89戦闘飛行隊の操縦者12名が第51戦闘航空群に転属、代わりに第25戦闘飛行隊の操縦者16名が第89戦闘飛行隊に配属されるなど、ふたたび大規模な人員の入れ替えが行われた。

　1943年の秋をとおして、雨季の悪天候が第89、第88戦闘飛行隊の作戦飛行を阻害したものの、両部隊とも担当地域の地勢と、作戦自体に十分慣熟できるくらいは飛ぶことができた。かれらの任務は、1年前の第51戦闘航空群と同様、ハンプ基地の防衛と、ビルマの地上目標への攻撃作戦であった。第80戦闘航空群の3番目の部隊、第90戦闘飛行隊は1944年3月まで、ビルマ作戦圏外の基地、ジョルハットにいた。

　同戦域における最初の月、第89戦闘飛行隊の操縦者、フリーリング・「ディキシー」・クロワー中尉は、機首に目立つ白いどくろを描き、これは航空群のP-40すべてに受け入れられた。この空飛ぶどくろによって航空群は「ビルマ・バンシーズ」〔バンシーはアイルランド民話の女妖精。大声で泣き、死者を予告する〕の異名を得ることになった。

　第80戦闘航空群の初交戦は1943年12月10日で、この戦いで活躍した第89戦闘飛行隊の小隊長、ウィリアム・S・ハレル大尉が次のような手記を残している。

　「わたしはP-40、4機の編隊を率いてビルマ北部、ハンプ地域のフォート・ヘルツを哨戒していた。およそ高度7500mを飛んでいると、4機の一式戦に護

衛された、3機の九七重爆を発見した。敵編隊の針路は北、フォート・ヘルツであった。我々はただちに攻撃、敵機は爆弾と落下増槽を投棄、南方、ミートキーナへと旋回した。護衛戦闘機のうち1機は旋回し、対進攻撃をかけてきたため、わたしのP-40はエンジンに被弾、滑油が漏れはじめた。わたしの射撃で、敵戦闘機は落ち、見ていると、裏返しとなり、発煙しながら地面に突っ込んだ。さらに左側を飛んでいた爆撃機への攻撃を続行。両エンジンに被弾、双方から炎を噴出し、敵機は編隊から脱落し、炎に包まれ、大地に落ちていった。わたしは攻撃を切り上げ、僚機を見ると、ロバート・マッカーティ中尉はまだついてきているが、小隊の3番機、ジョージ・ウィットリー中尉は爆撃機3機編隊の右側の機を攻撃していた。ウィットリー中尉はその爆撃機を撃墜した。この攻撃で、小隊4番機、ドッジ・シェパード中尉もまた戦闘機1機撃墜を報じた。

「残ったのは爆撃機1機と、編隊を組んだ戦闘機2機。機首を南に転じた生き残りの爆撃機を攻撃。主翼の付け根を撃ったが、撃墜することも、発火させることもできなかった。攻撃が長引きすぎ、そしてやたら近くに寄りすぎていたので、操縦桿を押し、敵機の下へ入った。わたしが敵機の前に出ると、機首の射手が非常な近距離からP-40を撃った。かれは見事な腕前で、機体を穴だらけにしてしまった。わたしは後方をもっとよく見るために、安全ベルトを緩め、前にかがみ照準機に顔を寄せた。この動作が命を救った。1発の銃弾が風防を破り、背後を左から右へと抜けて行ったのである。マッカーティ中尉がこの爆撃機を撃墜した。

「引き起こし、機体を調べてみたが、エンジンは快調だったが、相当な量の滑油が漏出していた。わたしは単機となり、僚機とは、かれが最後の1機を片づけたとき、分離してしまっていたのだ。まだその辺に敵戦闘機が残ってはしまいかと、南に向かった。いた。1機の一式戦と、わたしとは、ほぼ同時に相手を見つけ、旋回し、対進攻撃態勢に入った。射撃開始、敵機に当たるのが見えた。敵機は背面になり、操縦不能になったとも思える様子で断雲のなかに姿を消した。敵機が墜落するところも、炎や煙が出るところも見ていなかったので、この交戦に関しては撃墜を報告しなかった。

「最後の攻撃では機銃が沈黙し、送弾不良を起こしたのか思った。後で、弾薬を撃ち尽くしていたことがわかった。滑油がかなり漏れていたので、山脈を越えてサディア基地に戻るのではなく、フォート・ヘルツに着陸しようと決心した。フォート・ヘルツに戻りながら、もはや主脚を降ろし、着陸進入にかかろとしたとき、一式戦にひどく撃たれながら、胴体着陸しようとしているカーチスC-46輸送機が見えた。その一式戦は飛行場荒らしをやめて、機首を上げ南に去っていったので、わたしに気づいたに違いない。わたしは主脚を上げ、山脈を越えサディアに帰る針路をとった。高度1600mで頂を越えると、飛行はずっと下りになった。わたしは河床に沿って飛び、もしエンジンが停まったら、砂州に胴体着陸するつもりだった。河で水を飲む水牛の群が見えるほど低く飛んでいたが、だいぶ気が荒いという評判の水牛の群に不時着するのはいやだった。エンジンは回り続け、滑油が風防にかかりよく見えなかったにもかかわらず、わたしはサディアに無事着陸した」

ビル・ハレルはすぐに第89戦闘飛行隊の指揮官に昇進、戦闘服務期間中に158回の作戦飛行(450時間)をこなした。第80戦闘航空群ではありふれたことだが、かれもこの先は空戦の機会を得られなかった。ハレルは、職業軍

人となり、少将として米陸軍航空隊を退役した。
　12月10日の総戦果は、第89戦闘飛行隊が5機撃墜、2機撃破で、フォート・ヘルツを攻撃した一式戦と交戦した第88戦闘飛行隊が1機不確実撃墜、2機撃破であった[12月10日、8戦隊九九双軽3機、33戦隊一式戦3機、フォート・ヘルツ威力偵察。P-40、6機と交戦。8戦隊は2機喪失、1機不時着。一式戦損害なし。DC-3撃墜1機、P-40撃墜3機を主張。米軍は輸送機4機とB-25を1機喪失]。

### ■ 単機攻撃
Solo Attack

　第80戦闘航空群の初交戦から3日後、ずっと大きな日本軍編隊がビルマからハンプの基地、ディンジャン攻撃にやってきた。ふたたび、第89、第88戦闘飛行隊が戦いに参加し、一式戦5機、九七重爆1機の撃墜を公認された。当初、この空戦で一式戦35機、九七重爆24機に接敵したP-40はたったの1機であった。
そのP-40を操縦していたのは第89戦闘飛行隊のフィル・アデア少尉で、一生忘れられない体験をした。かれは早朝から哨戒飛行を行い、緊急警報が鳴り響いたときにはナガガーリ基地に戻っていた。機付長、キャロル・ピーク軍曹はちょうどP-40N-1型「ルル・ベル」の整備を終えていたので、アデアはただちに離陸することができた。以下が、出撃したかれの証言である。
　「緊急警報が出たとき、我々は標準作業手続にしたがって行動していた。緊急出動した者はみんな飛行場上空、高度6000mで合同することになっていた。無線からは侵攻してくる敵機への警報しか聞こえない。離陸してから、安全ベルトを締め、飛行場上空で上昇しつづけ、他の小隊の連中が上がり、加わってこないかと見ていた。飛行場上空で、3600mに達しても、まだ誰も上がって来ず、ただ遠くに4機編隊の機影が見えたが、敵か味方かはわからなかった。[飛行場上空を]もう一周すると、その編隊は4機なんてものじゃなくて、もっと多いということがわかった。このときまでに誘導班へ、この辺りに友軍機がいるかと尋ねた。誘導班はないと言う、だが60kmほど東方に敵味方不明機がいるらしい。わたしは、不明機はもっと近い、基地群から24kmばかり東で、北西に向かっていると答え、地図上の座標位置を指示した。わたしの小隊の機はまだ上がってこないし、周囲に友軍機もいないので、様子を見るために会合位置を離れると伝えた。すぐに飛行場上空の位置を離れると、もっと不明機編隊に近づき、機影が4機ではなく、4個小隊であることを知った。上昇をつづけると、結局、P-40はその編隊の後上方に出た。編隊は基地群の北方に針路を定め、次いで180度旋回し、真っ直ぐ爆撃進入し、投弾後は離脱しようとしているように思えた。わたしがそう伝えると、誘導班の返答は怒りに満ちた否定であった。連中は地上監視哨から信頼しうる情報を得ており、不明編隊はまだ遥か東方にいると言うのだ。少なくとも、在空の友軍戦闘機がいたらそこに送ってくれと言うしかなかった。
　「このときまでに、高度5400m、爆撃機の上にまで昇っており、背後から接近

フィル・アデア少尉の初代「ルル・ベル」はP-40N-1、シリアル番号42-104550で、この写真でわかるようになんと、主脚、尾輪とも白縁付きのタイヤであった。ハブキャップには爆弾を爪で掴んだ猛禽が描かれている。第80戦闘航空群所属のP-40N-1型はみな、アデアの機体と同じく主翼に機銃を6挺搭載していたが、これは工場出荷時には12.7mm機銃4挺搭載となっているはずのウォーホークN-1型の標準仕様とは異なっていたので、野戦での改修作業の結果に違いない。

しつつ、その行動を報じつづけた。爆撃機を見つめていると、煙霧が視界を遮ったが、日本軍戦闘機はまだ見えなかった。だが、間もなく2機、あるいは違う形で編隊を組んで、爆撃機の上にいるのが見えた。わたしはすでに追随する戦闘機と爆撃機のほぼ中間へと上昇していたが、連中は気づかなかった。このまま飛べば、すぐ編隊のいちばん上に出られると思い、実行した。編隊が旋回し、針路を変えたとき、敵機の行動に対する自分の予感が当たったことを悟った。誘導班を呼び出し、悪い報せと、敵編隊の位置を伝え、近くに助勢してくれる友軍戦闘機はいないかと尋ねた。また否定的な返答を得、その位置でしばし逡巡した。単にそこで、日本軍爆撃機が飛行場群を襲うのを鳥のように眺めてばかりはいられない、自分たちの基地なのだ、何が何でも阻止しなければならない。爆撃機が投弾する直前に一撃を見舞うことができるように、注意深く敵戦闘機と爆撃機編隊の上方に占位。左上方の射程ぎりぎりから先導小隊に射弾を撃ち込み、左翼小隊の後方に入り、次いでそこを軸に旋回し、右翼の3番、4番小隊を射撃しようと決意した。いかにも無茶なやり方で、とうてい実害を与えられそうにもなかったが、目前を曳光弾が過ぎれば、混乱させて、爆撃照準を狂わせることくらいはできるのではないかと思ったのだ。

「それはひどくうまく行った。編隊がいくらか乱れるのが見え、事態は急展開し、最後尾小隊の後方についたが、もし損害を与えていたにしても、外見上は何事もなく見えた。4番小隊の最後尾機の左舷エンジンに狙いを定めて攻撃を集中し、P-40が過速に陥り敵機の下側を通り抜けたとき、炎がほとばしっているのが見えた。右側に離脱し、爆撃機から離れるや否や、数機の零戦が接近してくるのが見えた。即座に操縦桿を前方左いっぱいに押し込み、あらかじめ考えていた逃げにかかった。左からマイナスGのかかる背面旋回し、高速降下に入れた。そして敵戦闘機を十分に引き離したと思えるまで、降下をつづけ、機体を引き起こし、周囲を見回し、自分だけになっていることを確かめた。零戦は爆撃機の掩護位置に戻っていた。

「追尾されていないことを確認すると、すぐに敵編隊の後上方の位置に戻った。煙霧のためにP-40が見えなかったのかどうか、邪魔をする者は誰もいなかったので、ふたたび爆撃機への攻撃航過にかかった。しかし、爆撃機に接近する前に、目につく限りの零戦全部がわたしの方に向かってきた。多数の零戦がいて、もう爆撃機には一指も触れられぬことは確かだが、わたしは降下速度の速さを利用して敵機のただなかへと突入

1943年12月13日、チャブアの近くでアデア少尉は、日本機の大編隊を単機で攻撃、撃墜1機、撃破3機を報じた。かれはまた1944年5月17日に一式戦2機を撃墜。写真は二代目「ルル・ベル」とアデア、赤いスピナーが第89戦闘飛行隊の所属を表している。

1944年3月27日、第89と、第90戦闘飛行隊所属のウォーホーク小隊は、アッサムのレド付近で日本軍編隊を捕捉、損害を受けずに18機を撃墜した。この戦いに参加した操縦者は左から、第90のラルフ・ワード中尉、ゲイル・ライアン少尉、ジョー・パットン少尉、S・E・「ジーン」・ハマー中尉、かれらは全員2機ずつ撃墜している。第89は3機落としたR・D・ベル中尉、2機のパーシー・マーシャル少尉、2機のマクレイノルズ少尉、そして3機のハル・ダウティ少尉。

し、照準に入った敵機すべてに見越し射撃を見舞い、そこを抜け出した。いくらかは有効な命中弾を見舞い、零戦の1機のエンジンにも当たり、発火したように見えた。だがわたしには撃った敵機を確かめる暇もなく、優速で射程外に逃げ切れると信じていたので、後方を顧みることもなく前方に集中していた。回避機動を終えるとまた、上空に戻った。零戦を狙うにはいい頃合いだった。後尾の一番上にいた1機を選び、攻撃航過にかかった。だが、敵機は勘づいたらしく、旋回し、一撃を見舞える可能性はなくなった。そこで、次の1機を狙った。そいつも旋回にかかったが、その前に射弾を撃ち込むことができた。敵機は主脚が出てしまい、わたしはスロットルを絞り、しっかりとその後方に食らいついた。敵機は操縦不能に陥ったらしく、錐揉み状態で落ちて行った。敵機を追って降下し、様子を見るために横合いに飛ぶと、ナガ丘陵の密林に墜落するのが見えた」

アデアは、撤退中の敵編隊に向かってふたたび高度をとったが、今度は一式戦がかれを取り囲んで、P-40を撃ちまくった。かれはふたたび動力降下で逃れ、今度は「ルル・ベル」を200km先の基地への帰途につけた。損傷した戦闘機はひどく機首が重く、アデアは腕を休めるために数分ずつ、背面飛行を

1944年春、サディアのP-40N-1「白の55」号機の横に立つ機付長カート・グラント（左）と、第89戦闘飛行隊のハル・ダウティ。撃墜マークのうち完全なもの3つは撃墜、半分になったのは撃破、すべてダウティが1944年3月27日に報告した戦果である。かれは一度グラントを乗せてこの飛行機で飛んだことがある。機付長は、かれの膝の上で機体を操縦し、機銃をぶっ放したのである。

1944年の4月か、5月、ナガガーリでR・D・ベル中尉のウォーホークの前に立つ第89戦闘飛行隊の操縦者3名。左から、ラルフ・「ダスティ」・ローデス中尉、ジョージ・サイファート少尉と、ジョー・マルティネス少尉。マルティネスは1944年6月16日、作戦中、行方不明となった。ベルのP-40N-1「白の52」号機、シリアル番号42-105234が撃墜マークを3つつけているので、この写真が1944年3月27日の邀撃戦以降に撮られたことがわかる。

させた。エンジンが息をつくと、通常の姿勢に戻し、エンジンが直ったら、また背面にした。

「何回ひっくり返ったかわからないが、やがてわたしは高度300mで、ナガガーリから800mほどのところまできているのに気づいた。南から旋回してまっすぐ滑走路へ接近して行き、背面になり、わたしには機体を滑走路に降ろす力がよみがえり、ぎりぎり間に合う瀬戸際に主脚スイッチを入れ、手動ポンプを突いた。主脚が降り、ロックされるのを見て、わたしは「ルル・ベル」を正常の姿勢に戻し、フラップを降ろし、スロットルを切った。着地は通常の三点着陸ではなく方向が狂っていたが、構うこともできなかった。なんとか五体無事に着陸した」。

フィル・アデアはこの空戦で一式戦撃墜1機と、九七重爆1機、一式戦2機撃破を公認され、その勇気に対して銀星章の叙勲を授けられた。離陸してきた小隊の他機のうち、日本軍編隊を攻撃し得たのはジェイムズ・メイ少尉機のみであった。かれは爆撃機1機を撃墜したものの、反撃でエンジンに被弾し、脱出を余儀なくされた。メイは火傷を負ったが、第89戦闘飛行隊に復帰することができた。

一方、第88戦闘飛行隊も12月13日に戦闘に参加、明らかにまず第89戦闘飛行隊に攻撃されたのと同じ日本軍編隊を追撃した。パトリック・ランダル大尉、ジョージ・ハミルトン大尉は一式戦1機の協同撃墜を報じ、第88戦闘飛行隊のオーウェン・オールレッド大尉、ラルフ・アンダースン中尉、ブルックス・エ

青いスピナーのP-40N-1「白の71」号機、愛称「ルース・マリー」は、1944年春から夏にかけて第90戦闘飛行隊のジーン・ハマー中尉の常用機であった。本機は1944年3月27日の空戦の戦果、撃墜マーク2個をつけているが、当日ハマーが使った機体は「白の89」号機であった。かれは1944年12月14日、P-47D型でさらに3機を撃墜、第80戦闘航空群唯一の単発戦闘機エースとなった。

ムリック少尉が他の一式戦の撃墜を公認されている［12月13日、チンスキヤ第1飛行場（ディジャン）進攻兵力、8戦隊九九双軽6機、34戦隊九九双軽12機、33戦隊一式戦25機、50戦隊一式戦22機、教導飛行第204戦隊27機。8戦隊九九双軽1機喪失（戦死4名）、204戦隊一式戦2機喪失（戦死1名）、50戦隊一式戦1機喪失（戦死1名）。撃墜18機を主張。第80戦闘航空群のP-40と、第311戦闘航空群のP-51は九七重爆3機、一式戦6機撃墜を主張。米軍はP-40を1機喪失、その他、P-51が2機離陸中に衝突］。

　第80戦闘航空群の、1943年最後の空戦は第89戦闘飛行隊総出の出し物だった。12月28日、P-40小隊がミートキーナを急降下爆撃したとき、後尾編隊を4機の一式戦が襲った。P-40が1機損傷したものの、フリーリング・クロワー中尉と、チャーリー・ハーディ少尉が一式戦撃墜各1機を報じた［12月28日、33戦隊一式戦1機喪失（戦死）］。

　部隊がふたたび戦ったのは、1944年1月18日、フォート・ヘルツ上空で、損害を受けずに、フレッド・エヴァンス少尉が一式戦撃墜1機を報じ、3機を撃破した［1月18日、77戦隊一式戦喪失1機（戦死）］。

## ■第80戦闘航空群最良の日
The 80th's Best Day

　1944年の最初の月は、第80戦闘航空群にしては多忙で、北部ビルマを進撃中の米地上部隊の支援に激しく戦った。フランク・メリル少将指揮する米地上部隊の任務は、ビルマから中国への地上連絡路を確保するために、アッサムのレドで日本軍戦線をミートキーナへと突破することであった。攻撃作戦の正否は「メリル襲撃隊」がいかに早くアッサムの密林にいる日本軍を無力化できるかにかかっており、第80戦闘航空群は「空飛ぶ砲兵」と呼ばれる役割を担い、この作戦を支援していた。

　もはや、空で日本軍機に遭遇することは希になっていたにもかかわらず、3月27日、第80戦闘航空群は戦時中最大の空戦戦果をあげた。その日、第89と第90戦闘飛行隊の操縦者のうち8名によって18機の撃墜が報じられ、しかも初めて撃墜を果たしたのを目撃された年若い航空士官、サミュエル・E・「ジーン」・ハマーはキ21撃墜2機を報じた。第80戦闘航空群にはロッキードP-38ライトニングを配備されていた第459戦闘飛行隊も傘下に収めており、同飛行隊は6名のエースを輩出していたのだが［詳細は本シリーズ第13巻『太平洋戦線のP-38ライトニングエース』を参照］、第90戦闘飛行隊で飛んでいたハマーは後に、第80戦闘航空群唯一の単発戦闘機エースとなったのである。

　ハーバート・「ハル」・ダウティ少尉は撃墜3機、撃破1機を報じて、ハマーの2機撃墜戦果を上回り、第80戦闘航空群で、一度の作戦でもっとも多くの戦果をあげたパイロットになった。50年以上も経て、かれは敵機に遭遇した、たった1回の経験を書き記した。

「インドに到着したのは1943年12月、アッサム北部にいた第80戦闘航空群に

爆弾を待つウォーホークが並ぶ、ナガガーリの列線へと1000ポンド爆弾を運ぶ、第89戦闘飛行隊の兵装員。一番手前の機体はP-40N-5「白の62」号機、ダッド・V・シェパード中尉の乗機である。1944年中に第80戦闘航空群のP-40が行った作戦の大半は「メリル襲撃隊」を支援するための地上攻撃であった。

ビルマのミートキーナで第375歩兵師団にいた弟、ドン・ゲイル軍曹に再会した第88戦闘飛行隊のボブ・ゲイル中尉(右)。1944年7月3日、同市を保持していた日本の地上軍による抵抗が終息したのち、ミートキーナの小さな飛行場へ最初に降りた第88戦闘飛行隊の操縦者がゲイル中尉であった。背後に見えるP-40N型は、本機が第89戦闘飛行隊から転属になったことを示している。

所属したのは1944年の初めであった。わたしはサディアの前進基地にいた第89戦闘飛行隊にパイロットとして配属された。そこには6機のP-40N型と、12名のパイロットと支援要員がいた。我々の主任務はハンプの哨戒と、防空の非常待機であった。時々は爆弾をかかえ、獲物を求めてビルマ領内へと入った。サディアは本当に愉快な場所になった。5人組の狩猟班が新鮮な肉類を大量に用意した。郵便や訪問者や、交代要員はいつも、荷物を下翼にくくりつけたPT-17でやってきた。住まいは英国の辺境行政施設で、非常に快適であった。1944年3月27日は大変な日だった。4名が警急服務中であった。R・D・ベル中尉が小隊長、その僚機はパーシー・マーシャル中尉、編隊長はレイ・マクレイノルズ中尉、わたしはその僚機であった。.45口径(10mm)の拳銃3発の緊急警報が鳴った。そこでエンジンを始動、離陸した。警急出動には、暖機運転も、発電機の点検もない。戦闘機誘導班はエンジェル20［2万フィート(6000m)］にいる敵機多数の方位を報せた。そんな高度に上がったP-40にはまったくいらいらさせられることになる。

「雲の層をふたつか3つ抜けて上昇、高度6000mに達したとき、ジャップ編隊は右に旋回するところだった。少なくとも18機の百式重爆と、零戦の群がいた。R・Dは『タリー・ホー(敵機発見)』と叫び、『A小隊兵装用意』と言った。わたしが落下増槽を捨てようと言うと、かれは同意した。すぐにエンジンが停まった。外部タンクから内部タンクへ切り替えてなかったのだ！ ただちに切り替えた。そのときまでに我々は敵編隊の右側についていた。最初の攻撃航過で、わたしがやった1機のそばで、2機が燃えるのが見えた。反対側から、針路に沿って数本の煙の尾が伸びる位置へ戻ると、零戦がそこにいた。パーシー・マーシャル機は撃墜され、友軍地域に降下し午後には我々のもとに帰った」

ダウティの撃墜3機、一式戦2機と百式重爆1機に加えて、ベルは戦闘機2機と爆撃機1機を仕留め、マーシャルとマクレイノルズはそれぞれ戦闘機1機、爆撃機1機の戦果を報じた。ラルフ・ワード中尉に率いられた第90戦闘飛行隊のP-40小隊4機もその地域におり、戦いに加わった。同部隊はその月にモランまで移動し、ビルマ作戦への比重を増しており、この戦いが、大戦を通してたった2回しかなかった飛行隊の操縦者が撃墜戦果を報じられた空戦参加のひとつであった。

この作戦に参加したワードの僚機は、ゲイル・ライアン少尉で、編隊長はジョー・パットン少尉、その僚機は最近同飛行隊へ転属になった「ジーン」・ハマーであった。4人の操縦者は戦いに参加し、ビルマに帰る日本軍編隊を追い討ちし、それぞれ2機の撃墜戦果を報じた。ワードは3機目の百式重爆1機を低空で攻撃中、1機の一式戦が一撃を浴びせ、P-40は数カ所に被弾した。この時点でP-40は弾薬を撃ち尽くしていたので、かれは戦闘を切り上げ、基地に向かった［3月27日、百式重爆9機と、一式戦60機がレド油田を攻撃。64戦隊一式戦2機喪失(戦死2名)。204戦隊一式戦2機喪失(戦死2名)、不時着1機(負傷生還)。62戦隊百式重爆8機喪失、1機不時着(機上戦死3名)。P-51撃墜15機を主張。第80戦闘航空群のP-40と、第311戦闘航空群のP-51は百式重爆13機、一式戦14機撃墜を主張。米軍はP-40を1機、P-51を2機喪失。詳細は『加藤隼戦闘隊の最後』宮辺英夫著・光人社NF文庫・1998年を参照］。

先述したように、「ジーン」・ハマーは1944年12月14日にバーモ南方の空戦

で、キ44二式単戦3機を撃墜、戦果をきっちり5機にして「エース」の地位を獲得した。第90はその遙か以前に装備機をP-40からP-47D型に変えていた。悲しいことに、ハマーは1953年、テキサスで交通事故により死去した［12月14日、64戦隊一式戦24機はバーモ地上攻撃のため爆装して進撃。P-47の護衛のもと、物量投下中のDC-3と交戦。一式戦2機喪失（戦死2名）。P-47撃墜2機、DC-3撃墜6機を主張。米軍はC-47 1機が撃墜され、1機が不時着。詳細は『栄光隼戦隊・飛行第64戦隊全史』・今日の話題社・1975年を参照］。

　1944年の夏、ひとつ、またひとつとP-40装備部隊は、P-47部隊に改変されていた。第80戦闘航空群のP-40が記録した最後の撃墜戦果は、1944年7月9日の作戦に参加した第88戦闘飛行隊の操縦者のひとりロバート・ゲイル中尉が報じた。当時、第88戦闘飛行隊はビルマ領内に進出した最初の飛行隊として、シンブウィヤンの密林基地から作戦を行っていた。次の証言はゲイルがこの作戦について回想したものである。

「我々4機は爆撃作戦へと離陸した。空一面の密雲を抜け上昇した。雲を抜けると小隊長のオーウェン・オールレッド大尉が『上にバンデッツ［敵機］がいる。信管を作動させて、爆弾を投下』と言った。見上げると数機の零戦が見えた（後で30機いたことを知った）。もちろん、2発の250ポンド（113kg）爆弾を抱えたままの上昇は非常に低速だった。それを補うためには降下するより他なかった。敵機の攻撃で、わたしの機体は尾部に数発被弾。トム・オコナー中尉機は撃墜された。かれは脱出し（後に落下傘が発見された）捕らえられ、情報によれば拷問の末、殺害されたという。小隊の残りの機も、最初の攻撃で散り散りになった。わたしは不注意な獲物に出会い、後方に忍び寄り、一連射を放つまで、雲のなかに飛び込んだり出たりしていた。最後に見たとき、敵機の風防は砕け散り、炎に包まれて、地面に落ちつつあった。

「二番目に落とした零戦も、ごく短い連射しか放てなかったことを除けば、最初のときとほぼ同じだった。射弾は操縦席ではなくて、左翼に当たっているように見えた。しかし、敵機は裏返しになるとスプリットS［急降下反転］を行った。高度は地上150から200mほどで、とても引き起こす時間はなかったはずだ。わたしはその日、最初の零戦の撃墜1機を公認された。翌日、数人の操縦者が2番目の獲物の残骸を目撃したので、その戦果もまた公認された。この戦いは全部、飛行場からわずか数マイルの地点で行われた」

　オールレッド大尉は撃墜1機、不確実1機、撃破2機を公認され、カルヴィン・ボールドウィン少尉と、オコナー中尉が戦闘機撃墜各1機を公認された［7月9日、50戦隊、204戦隊の一式戦24機は爆装してミートキーナ方面に出撃。204戦隊一式戦喪失2機（戦死2名）、50戦隊一式戦喪失1機（戦死）。撃墜12機を主張］。

　第80戦闘航空群がカーチス戦闘機を使っていた間に報じた総撃墜戦果は40機に達した［第80のP-40が参加した空戦での日本側損害総数は23機だが、12月13日、3月27日、7月9日の空戦では、第311戦闘航空群のP-51も撃墜を報じているので、第80の実質総戦果は20機以下と思われる］。この戦闘から数週間を経ずして、喰われやすいP-40はアッサムと北部ビルマの空に見事な功績を記していたにも関わらず、ウォーホークは、サンダーボルトに改変されはじめた。

chapter 3

# 中国での戦力強化
china build-up

　第23戦闘航空群は中国での作戦行動2年目を迎え、戦況は1942年7月以来、いくぶん変化していた。日本軍はいまだに、重要な漢口地区や中国沿岸をしっかり保持し、仏印、タイ、ビルマを占領し、中国を三方から包囲していた。第23戦闘航空群と、シェンノート将軍が作りあげた第14航空軍のわずかな部隊は、ハンプを越えて供給される補給品を頼りに、雲南駅から衡陽に至る1040kmに達する戦線に点在する飛行場からの作戦を継続していた。

　戦いの12カ月間で第23戦闘航空群の4個飛行隊は質的に変化した。もはや、戦い疲れた米義勇航空群の古参と、米陸軍航空隊の新米パイロットが戦線を支えているのではなかった。「フライング・タイガーズ」はもうとに帰国しており、厳しい試練に曝された航空群の陸軍パイロットたちは鍛えられ、飛行隊は有能な戦闘部隊になっていた。

　初年度の戦闘記録がそれを証明している。1943年7月4日までに、第23戦闘航空群のパイロットたちは171機の撃墜を公認される一方、

1943年の7月末か、8月、中国で、かれらのP-40K型を背に立つブルース・ホロウェイ大佐（右）と、機付長のフレッド・ロンネマン軍曹。この時点での、第23戦闘航空群指揮官の戦果は確実撃墜10機であった。8月下旬、かれはさらに3機を撃墜、総戦果を13機にして、3人並列の米軍P-40トップエースとなる。

1943年夏、昆明で、かれの戦闘機隊名指揮官ふたり（両人ともエース）に挟まれて立ち得意満面のクレア・シェンノート少将。ふたり、とは第14航空軍前衛部隊指揮官のクリントン・D・「ケーシー」・ヴィンセント大佐（左）と、第23戦闘航空群指揮官、ブルース・ホロウェイ中佐である。

1943年、自分のP-40K型「ペギーⅡ世」で、昆明湖上空を飛ぶクリントン・D・「ケーシー」・ヴィンセント大佐。第14航空軍前衛部隊指揮官を務め、後には第68混成航空団指揮官となったヴィンセントは1943年の末にシェンノートから作戦飛行を禁止されるまでに、中国上空で6機を撃墜していた。胴体の米義勇航空群の転写マークに注目。機体の愛称はかれの妻の名であった。

空中戦闘で15名［パイロット］が戦死、日本軍の爆撃と機銃掃射によって9名［地上勤務者］が地上で戦死した。15名のうち、8名は地上砲火で撃墜された［著者は、自著『SHARKS OVER CHINA』で1942年7月4日から1943年7月4日に戦死したパイロットとして、空戦8名、地上砲火6名、原因不明の被撃墜1機、飛行事故11名、計26名をあげている］。

同時に4名のエース、ホロウェイ、ゴス、リトル、デュボアが生まれ、第23戦闘航空群で戦い続けた。10月の末までに、さらに8名がエース名簿に名を連ねることになった。

シェンノートは、その夏の初め、第16と、第75戦闘飛行隊を西方、それぞれ雲南駅、昆明に、第74、76戦闘飛行隊は東の基地、桂林と零陵、衡陽へと、かれの兵力を分割した。かれの東部部隊は前進配置部隊として、B-25装備の第11爆撃飛行隊とともに、クリントン・D・「ケーシー」・ヴィンセント大佐の指揮下に入っていた。第23戦闘航空群の指揮官は相変わらず、ブルース・ホロウェイ大佐であった。

悪天候によって、3週間にわたってあまり活動できずにいた後、1943年7月23日、日本軍が漢口から衡陽と零陵へ戦爆連合編隊を送り出し、中国東部

1943年7月から、1944年5月までにステファン・J・ボナー中尉は第76戦闘飛行隊のP-40で、撃墜確実5機と不確実5機を報じていたが、かれの部隊が1944年の半ばにノースアメリカンP-51に装備を改変した後も同機で多くの作戦出撃を行った。ボナーの撃墜のうち4機はかれの基地である遂川の上空で報じられたため、公認を受けるのは容易だった。

1943年後半、遂川でP-40K型の操縦席に入った第76戦闘飛行隊の指揮官のひとり、リー・マンベック大尉。このウォーホーク、たぶん「白の117」号機は、操縦席の下にカギ十字が描かれているので、アフリカ戦線から持ち込まれ、エンジンを交換した機体である。マンベックは1944年初期、31カ月もの海外勤務の後に撃墜され、捕虜となって死んだ。

上空の航空戦が再燃した。日本機は［南方から奇襲するために茶陵と、永興へ］迂回して攻撃目標へやってきた、第76戦闘飛行隊の飛行小隊は邀撃のため、両基地から離陸した。零陵基地のP-40が、飛行場の南東50km地点で最初に接敵した。かれらの猛烈な攻撃に日本爆撃機は爆弾を投棄して、逃走にかかり、一式戦は掩護位置から離れ、P-40との格闘戦に入った。第74戦闘飛行隊のP-40、18機からなる編隊が、桂林からその戦いに加わった。

第23戦闘航空群のパイロットは、この戦いで爆撃機2機、戦闘機5機の撃墜を公認され、うち3機は第76戦闘飛行隊の小隊長、リー・マンベック大尉、1機は未来のエース、ステファン・ボナー少尉が報じた戦果であった［7月23日、33戦隊の一式戦に掩護された58戦隊の九七重爆27機は零陵上空でP-40と交戦。九七重爆喪失3機（戦死21名）、一式戦喪失1機（戦死）。P-40撃墜3機を主張。第23戦闘航空群はP-40喪失2機（落下傘降下、胴体着陸・両名とも生還）］。

そのころ、別の日本軍編隊が衡陽に達しており、第76戦闘飛行隊は、J・M・「ウィリー」・ウィリアムズ中尉と、ジョン・S・スチュワート中尉率いるの2個小隊を高度8400mで待機させていた。待つ間、スチュワート中尉機の酸素供給器が故障したため、かれは高度を6000mまで下げ、そこでやってくる日本軍爆撃機を発見した。護衛の一式戦の相手をしてもらうために、ウィリアムズに降

1943年7月23日の出撃から戻ったばかりで興奮している第76戦闘飛行隊のジョン・S・スチュワート中尉、かれはこの日、はじめての戦果として、朝の戦闘で日本爆撃機2機を撃墜、午後の戦闘では戦闘機1機を撃墜したのである。背後にあるのはかれのP-40K型「リンⅡ世」。スチュワートは中国で二度の戦闘服務期間を終え、1944年の半ばに帰国するまでに撃墜9機を記録した。

第76戦闘飛行隊のP-40K型の前に立つ、テキサス州出身の大尉、J・M・「ウィリー」・ウィリアムズ。このエースは、部隊指揮官に昇進してP-51A型への装備改変を監督するようになる以前の、1943年の7月と8月に撃墜6機を報じた。かれのマスタングは1943年12月1日、香港上空で撃墜されたが、基地に帰ってから16日後には帰国することになった。第76戦闘飛行隊の指揮は戦友のエース、ジョン・スチュワートが引き継いだ。

第75戦闘飛行隊のエルマー・W・リチャードソン少佐は1943年後半は、このP-40K型「エヴリンⅡ世」で飛んでいた。胴体の白線2本が、かれが飛行隊の指揮官であったことを示している。操縦席の後方にあるDF（方向探知器）の「フットボール」に注目、本機は同戦域で最初に、この装置を装着したP-40のなかの1機であった。また胴体下部にはふたつ目の落下増槽の取り付け架が見える。リチャードソンの戦果8機のうち、6機分の撃墜マークが機体に描かれている。

りてくるよう呼びかけ、スチュワートは真っ正面から爆撃機の編隊に突入していった。最初の獲物はよろめき、落ちていったが、他の爆撃機の射手が攻撃中のP-40に対して猛烈な射撃を浴びせていた。スチュワートはたちまち2機目の爆撃機を撃墜したが、3機目を撃っている間に自分がひどく被弾してしまった。かれは攻撃を切り上げ、衡陽に向かったが、どうしても主脚が降りなかったため、そこに胴体着陸した。後に、整備兵が、妻の名をつけたかれのP-40K型「リンⅡ世」に、167個の弾痕を発見、そしてウィリアムズと、ディック・テンプルトン少尉も、この空戦で一式戦2機撃墜を報じた〔7月23日、25戦隊の一式戦に援護された60戦隊の九七重爆は衡陽上空で6機のP-40と交戦。九七重爆1機喪失（戦死14名）、1機被弾（片発停止、機上戦死1名、負傷2名）。重爆の投弾は滑走路に命中したが、在地飛行機の損傷、死傷者なし。25戦隊一式戦2機喪失（戦死2名）。P-40撃墜2機を主張。第76戦闘飛行隊、P-40被弾1機（胴体着陸）。爆撃機5機、戦闘機3機撃墜を主張〕。

その午後、別の日本軍編隊が衡陽、および、零陵に接近中と報告され、ふたたびP-40による邀撃戦が起こった。今回の指揮官はマーヴィン・ラブナー大尉であった。同時にケーシー・ヴィンセント大佐が6機のP-40を率いて桂林から現れ、ブルース・ホロウェイ大佐は零陵に飛来、そこで給油し、離陸、小隊に加わった。P-40は大編隊と交戦し、損害を受けずに6機撃墜を報じた。戦果を報じた者のひとり、ケーシー・ヴィンセント大佐の爆撃機撃墜戦果は、5機目で、かれの名はエース名簿へと記載されることになった〔7月23日午後、第23戦闘航空群は一式戦3機撃墜を主張。日本軍機は全機帰還。この日、第23戦闘航空群は撃墜合計18機を主張しているが、日本側の損害は合計は重爆喪失4機、被弾1機。一式戦喪失3機（戦死3名）。米軍はP-40喪失2機、被弾損傷1機〕。

7月23日には、最初のP-38もまた中国に出現。この日、5機の双発戦闘機が桂林に到着した（本シリーズ第13巻『太平洋戦線のP-38ライトニングエース』を参照）。米陸軍航空隊はシェンノートの第14航空軍を補強するために、北アフリカで待機中であったP-38パイロットを抽出して第449戦闘飛行隊を編成したのである。中国に入ると、同隊は一時的に第75戦闘飛行隊の古参P-40パイロット、エルマー・リチャードソン大尉の指揮下に入った。

新しいP-38の操縦者は実戦参加をそう長く待つ必要はなかった。翌朝、北方の漢口、南方の広東を出撃した日本軍編隊は、シェンノートの東部基地群を叩いた。第76戦闘飛行隊はふたたび零陵で、損害を受けずに撃墜8機を報じ、一方、桂林から緊急出撃した第74戦闘飛行隊はさらに2機撃墜を報じたが、パイロット1名を失った〔7月24日、25戦隊の一式戦に援護された58戦隊の九七重爆は零陵に進攻。九七重爆喪失1機（戦死7名）、被弾1機（機上戦死2名）。一式戦喪失1機（戦死）。P-40撃墜5機を主張。第74戦闘飛行隊P-40喪失1機（戦死）。被弾胴体着

桂林の早期対空警戒網の指令室が置かれた洞窟の入り口。写真右で喫煙しているのは第74戦闘飛行隊のリン・F・ジョーンズ中尉。かれの常用機はP-40K型「白の22」号機で、1943年6月から12月の間に撃墜5機を記し、ふたり目の第74戦闘飛行隊、生え抜きのエースとなった。

陸1機。爆撃機8機、戦闘機2機撃墜を主張］。

一方、8機の一式戦の編隊が気づかれることもなく桂林から60kmまで侵入してきた。P-40とP-38が慌ただしく邀撃したが、上空からキ43に攻撃された。たちまちP-38が1機撃墜されたが、いったん高度をとるや、第23戦闘航空群の操縦者は来襲した8機のうち6機を撃墜、ホロウェイ大佐は、かれの10機目として、一式戦1機撃墜を報じた［7月24日、若松幸禧大尉率いる85戦隊第2中隊の二式単戦が桂林に進攻。若松大尉（二型甲）はP-40撃墜2機を主張。二式単戦喪失2機（戦死2名）。P-38喪失1機（落下傘降下・重傷）。P-38も撃墜1機を主張しているので、桂林での米軍主張の総戦果は7機］。

7月25日、漢口攻撃から帰還したB-25の衡陽への着陸を捕捉しようと、一式戦15機が追尾攻撃してきたときふたたび空戦になった。これを予期して、上空掩護に飛んでいたホロウェイはP-40編隊を以てB-25編隊を護り、損害を受けずに、確実撃墜2機、不確実3機を報じた［7月25日、坂川少佐率いる25戦隊、33戦隊の一式戦9機が衡陽に追尾攻撃。33戦隊一式戦喪失1機（戦死）。P-40撃墜3機、P-38撃墜1機を主張］。一方、B-25はいったん桂林へと退避し、翌日の出撃に備えて日没の直前に衡陽に戻った。

7月26日、午前5時、5機のB-25がふたたび漢口を攻撃しようと衡陽を離陸した。掩護には第74戦闘飛行隊と、この週の初めに昆明から東部中国の戦闘機隊へと増援された第75戦闘飛行隊のP-40、7機が参加した。「中型双爆」が投弾を終えるや、一式戦の群れが攻撃にかかり、P-40が迎え撃つ前に、数機の爆撃機が損傷してしまった。同空戦が終わるまでに、第75戦闘飛行隊のエルマー・リチャードソン大尉は撃墜2機、未来のエース、リン・F・フォス中尉が1機撃墜、また第74戦闘飛行隊は撃墜確実1機、不確実2機を報じた［7月26日、B-25の投弾と機銃掃射で、25戦隊は戦死10名（うち操縦者2名）。33戦隊一式戦喪失3機（戦死3名）。P-40撃墜2機を主張。第23戦闘航空群のP-40は被弾不時着1機（生還）］。

7月27日、28日、ヴィンセント大佐はかれの爆撃機と、戦闘機を香港の目標攻撃に送り出し、日本軍と果敢に戦った。P-40と、P-38がふたたび香港を攻撃したのは7月29日、今回は昆明から飛来した第308爆撃航空群のB-24、18機と合同した。ふたたび、またいくらかの防空戦闘機が出現したが、護衛戦闘機はそれを容易に撃退した。同じ日、日本軍は衡陽を襲撃、猛烈な攻撃であったが、ビル・グロスヴェナー大尉率いる第75戦闘飛行隊は爆撃機の狙いを狂わせ、飛行場はまったく損害を受けなかった［7月29日、アーロン・リープ大尉は一式戦撃墜1機を報じたが、日本側は損害は60戦隊の機上戦死1名のみ。60戦隊の爆撃目標は当初から飛行場ではなく、衡陽停車場であった］。

7月30日の朝、シェンノートの東方基地群に対する日本軍最後の攻撃が行われた。第3飛行師団は防衛側を惑わすため、漢口から、衡陽に別々の経路を辿らせてふたつの編隊を送り出した。日本側にとっては不幸なことに、中国の早期警戒網は編隊の動きを正確に追跡し、両編隊が攻撃進入に衡陽の北方で合同したとき、米軍パイロットたちは完璧な邀撃位置についていた。

チャーリー・ゴードン中尉率いる第75戦闘飛行隊のP-40は掩護の一式戦を牽制し、爆撃機の編隊から切り離した。爆撃機4機が墜落、第75戦闘飛行隊のゴードン、ビル・グロスヴェナー大尉、エド・カルヴァート中尉、そして、第76戦闘飛行隊のヴァーノン・クレーマーがそれぞれ撃墜1機を公認された。第16戦闘飛行隊のカーター・「ポーキー」［生意気］・ソレンソン中尉と、第75戦闘飛

行隊のクリストファー・「サリー」・バレット中尉、第76戦闘飛行隊のトム・マクミラン中尉はそれぞれ一式戦撃墜1機を報告した。その一方、第75戦闘飛行隊のP-40が2機撃墜され、W・S・エッパーソン中尉が戦死した［7月30日、60戦隊九七重爆喪失1機（戦死7名）、被弾8機（機上戦死2名）。85戦隊二式単戦1機喪失（戦死）、撃墜4機を主張。33戦隊撃墜1機を主張］。

　日本軍が大損害を受けたためか、悪天候がつづいた結果なのかはっきりしないが、その後、3週間、航空戦は中休みを迎えた。シェンノート将軍はこの期間の大半を、かれの戦闘機隊の再配置に費やした。零陵でP-38を装備した第449戦闘飛行隊を傘下に入れ、第16戦闘飛行隊の2個小隊とともに、第76戦闘飛行隊を衡陽に移したのである［8月上旬の攻撃は悪天候のため中止。また日本側では損害が甚大で、なおかつ攻撃効果が疑問視され、戦果報告過大の是正が求められた。7月23日から30日、空戦による損害、一式戦10機（戦死10名）、二式単戦3機（戦死3名）、九七重爆5機（戦死35名）。P-40撃墜32機、P-38撃墜1機を主張。第23戦闘航空群はP-40喪失7機（戦死2名）、P-38喪失1機。一式戦35機、九七重爆19機撃墜を主張。第23戦闘航空群の喪失機は少数であったが被弾機は多く、雲南基地からの増援（第16、第75戦闘飛行隊所属機から抽出）が必要となった］。

　日本陸軍航空隊も、漢口の戦闘機隊に新型戦闘機、中島キ44二式単戦「トージョー」［鍾馗］を配備してP-40の操縦者を驚かせようとしていた。これで、日本軍の操縦者は米国のP-40に匹敵する性能の機体を得たことになった。

　第23戦闘航空群がはじめて新型の二式単戦に遭遇したのは、ホロウェイ大佐と、第74戦闘飛行隊の指揮官、ノーヴァル・ボナウィッツ少佐が14機のP-40を率いて、漢口からの空襲を桂林で邀撃した8月20日であった。かれらはP-40の戦闘高度よりも高い9000m以上の高度で、戦闘機掃討に現れた二式単戦20機と交戦した。米軍パイロットは、戦闘の主導権を握った二式単戦のなすがままに任せる以外になかった。日本戦闘機は、もがき回るP-40へと降下、射撃すると余力上昇で射程外に逃れるという、シェンノートが説いてきた戦術をそっくりそのまま応用した。数分で2機のP-40が撃墜され、2名が戦死したが、第74戦闘飛行隊のアート・クルクシャンク大尉が二式単戦撃墜2機を報じた［前述のように二式単戦とは7月24日、7月30日にすでに交戦。8月20日、85戦隊の二式単戦は全機帰還。若松幸禧大尉がP-40撃墜1機、不確実1機を報じている。この日は同時に25戦隊、33戦隊の一式戦も桂林を攻撃。33戦隊が撃墜確実1機、不確実2機を報じ、全機帰還］。

　その日の午後、P-40はB-25を護衛して広東の天河飛行場を攻撃し、一式戦撃墜4機を報じた［8月20日午後、広東で33戦隊一式戦1機喪失（戦死）］。

　翌日、日本軍はふたたび衡陽を攻撃、第76戦闘飛行隊はP-40を1機失ったものの、さらに撃墜5機を報じた［8月21日、33戦隊は衡陽で一式戦4機喪失（4名戦死）。第76戦闘飛行隊P-40を1機喪失（落下傘降下）。この邀撃戦のため、米戦闘機は広東爆撃のB-24との合同に遅れ、護衛なしで進攻したB-24に対して、25戦隊の戦隊長、坂川敏雄少佐は第374爆撃飛行隊の指揮官、ブルース・ビート少佐機を前上方から攻撃して撃墜。また第373爆撃飛行隊のロバート・マクマレー中尉機を執拗に追撃、砂州に不時着させた（戦死3名）］。

　ブルース・ホロウェイ大佐は、この2回の出撃でかれの11機、12機目の戦果を報じ、13機目は8月24日の爆撃機護衛作戦で報じられた。ホロウェイがその日、米国のP-40によるトップ・エースになる機会を逃したことを日記に記して

1943年秋、第25戦闘飛行隊は、アッサムから移動してくるとすぐに雲南駅の防衛を任された。「ジャネット」、またの名をP-40K型「白の208」号機とともに立つ、B小隊の面々。ひざまずいているのは、左から、ウィリアム・リヴァーグッド、ジム・ソーン、ジョゼフ・ノヴァクと、グレード・バートン。立っているのは、また左から、ウィリアム・サウスウェル、ジョー・ハーン、デイヴィッド・マンバウ、エドワード・ローラー(軍医)、ベン・バーカー、ウォーレン・スローターと、チャールズ・ホワイト。

「我々はB-25とともに進入し、武昌(ウーチャン)飛行場を爆撃した。爆撃は上首尾だった。町の上空にはまだ数機の零戦がいたが、みな単機で動いていた。わたしは1機に対進攻撃をかけ撃墜した。もっと捕捉することもできたが、我々はB-25に張り付き、零戦を追いつづけ、1発の被弾もさせなかった。我々は120kmから、160km南まで、そのままでいた。そのとき、3機のB-24が左側を通り過ぎて行き、かれらは頭上に零戦が1機いると喚きつづけていた。わたしは見つけ、見張りつづけていると、零戦はB-24の後方へ降下し、機首を上げ西に向かった。わたしは旋回し、小隊を率いて敵機の後方へ上昇、完全なカモだったので、僚機、第16戦闘飛行隊のフランシス・ベック中尉に獲物を譲るために退いた。帰途についたが、もう何も起こらなかった。P-40は全機無事帰還、戦果は零戦の確実撃墜10機、不確実3機を数えた」

2週間後、ホロウェイは、ヴィンセントが帰国している間の前衛部隊臨時指揮官に昇進した。これによって、かれの中国での空戦参加は事実上終わりを告げた。その後、ホロウェイは職業軍人としての経歴を進め、1973年に退役したときには4星の将官[大将]になっていた。

8月24日、ホロウェイによって報告された撃墜10機のうち、第74戦闘飛行隊のアート・クルクシャンク大尉、第76戦闘飛行隊のジョン・スチュワート中尉が各2機を落として両人ともエースになった。1942年の「教育飛行隊」生え抜き操縦者のひとり、クルクシャンクはその後すぐに戦闘服務期間を終えて帰国したが、1944年には第74戦闘飛行隊の指揮官として帰ってきた。スチュワートは帰国もせず引きつづき飛び、1943年12月、部隊がほぼP-51A型に機種改変したころ、第76戦闘飛行隊の指揮官に昇進した[8月24日、25戦隊は一式戦喪失1機(戦死)、B-24撃墜3機を主張。33戦隊は一式戦2機喪失(渡邊啓戦隊長他、戦傷死1名)、B-24撃墜3機、P-40撃墜2機を主張。第308

このP-40K型ではっきり見られるように、第26飛行隊は、中国到着後、数カ月してから目立つサメの口と目を追加した。口の真ん中にある飛行隊標識はP-40の主翼、スピナー、照準機をつけたトナカイの「チャイナズ・ブリッツァー」[中国の電撃戦士]である。

中米混成航空団の戦闘飛行隊は中国へ移動して作戦飛行にかかる前に、インドのマリール[現・パキスタン]で、戦闘で使い古されたP-40を利用して訓練された。この第3戦闘航空群の中国人パイロットは「白の706」号機のエンジン点火前の説明を受けている。塗りつぶされたシャークマウスに注目。

爆撃航空群はB-24喪失4機(墜落機乗員のうち10名は生還。何名かは落下傘降下中、一式戦が射殺)、被弾大破3機(航空群作戦将校機上戦死他、負傷7名)]。

8月26日の朝、広東への爆撃機護衛任務中に、マーヴィン・ラブナー大尉が撃墜1機を報じて自己戦果を5機にし、「ウィリー」・ウィリアムズ中尉が5機目、6機目の確実撃墜と、不確実1機を報じたとき、第76戦闘飛行隊はさらに2名のエースを得た。ここに、ウィリアムズが傷ついたP-40を追っている日本機を追い払ったときに報じた最後の撃墜戦果についての手記がある。

「わたしは振り返り、反転し、零戦の進路前方に射弾を送った。射程外であることはわかっていたが、零戦乗りが曳光弾を目にすることを期待したのだ。敵はそれに気づき、まっすぐ上昇した。上昇はジャップの得意技であったが、今回はわたしの方が高い位置にいた。敵機が上昇の頂点に達したとき、わたしはそれとほぼ並んでいた。もう発射ボタンを押すだけでよい、後は6挺の.50口径機関銃がやってくれた。敵機は裏返しになり、黒煙を噴き出し大地に落ちて行った[8月26日、P-40喪失1機(砂州に胴体着陸・生還)。日本側損害記録なし。爆撃による被害もわずかだった]」

9月中旬を通して前衛部隊は中国東部の目標を叩きつづけ、P-40はその月

桂林のアルトン飛行場に到着したP-40N型を調べている中米混成航空団、第3戦闘航空群も第32戦闘飛行隊の中国兵。第28と第32戦闘飛行隊は、1943年12月に最初の作戦飛行を行い、その月の末までには、撃墜9機を報じた。

機付長キース・ウォームの手伝いでP-40N型「白の646」号機による出撃準備中の中米混成航空団、第32戦闘飛行隊の指揮官、ウィリアム・L・ターナー少佐。3機の撃墜マークは、かれが1942年に南太平洋でP-40E型とP-400を飛ばしていたときに報じた撃墜戦果である。かれは、その後、中国でさらに5機を撃墜することになる。

1943年11月3日、第74戦闘飛行隊のロバート・M・ケージ中尉は広東への護衛作戦で、日本戦闘機1機の撃墜を報じた。桂林への帰途、かれは交戦で、自分のP-40N型の油圧系統を損傷したことを知り、うまく胴体着陸した。縁どりのない国籍マーク、プロペラのない「白の41」号機の尾翼の斑点迷彩に注目〔11月3日、広東、85戦隊、二式単戦喪失1機(戦死)〕。

の15日までに16機の撃墜戦果を報じた。日本軍が「夏季航空作戦」を正式に終了させたのは10月8日であったが、日本軍によるの同地域に対する攻撃は、この時期、9月の中旬までにほぼすべて終了していた。だが、それまでにもう一度、日本軍は大打撃を被ることになった。

　9月20日、仏印から日本軍編隊が昆明に向かっているとの報告が早期警戒網からもたらされ、第16、第75戦闘飛行隊が緊急出動し、会敵した。中国の同地区は夏中、静穏であったため、パイロットたちは空戦を熱望していた。ボブ・ライルズ少佐に率いられたチェンクンの第16戦闘飛行隊、7機のP-40が最初に空襲部隊と交戦、第75戦闘飛行隊がそれにつづき爆撃機を激しく攻撃した。チャーリー・ゴードン大尉、ビル・グロスヴェナー大尉、ロジャー・プラ

イア大尉が率いる3個小隊は太陽のなかから攻撃し、爆撃機を蹴散らした。

ゴードンは爆撃機撃墜1機を報じ、プライアは2機を報じ、両名とも5機目の撃墜を果たし、エースの地位を得た。飛行隊の戦友たちはさらに9機を撃墜、うち2機は未来のエース、グロスヴェナーが撃墜を報じた。かれは10月1日に仏印のハイフォン上空で5機目の撃墜を報じることになる。爆弾のうち数発は昆明飛行場に命中したが、死傷者もなく、わずかな損害を与えただけだった。リンドン・R・「ディーコン」[助祭]・ルイス中尉機が撃墜されたが、かれ自身は5日後、無傷で基地に帰ってきた［9月20日、昆明、九七重爆喪失4機（戦死28名）。10月1日、ハイフォン邀撃戦、25戦隊、33戦隊一式戦各1機喪失（戦死2名）。夏季航空作戦（7月23日から10月8日）の日本側喪失機合計（『戦史叢書』より）、戦闘機25機、爆撃機14機、輸送機1機。大破、戦闘機7機、爆撃機2機。戦死行方不明130名。米軍側喪失機（各書から訳者が集計）、P-40・15機（他事故3機）、P-38・4機、B-24・11機（他事故1機）。空戦での戦死81名（他捕虜7名）、地上攻撃3名、事故7名。8月23日、重慶進攻時の中国空軍の損害は不明(P-43撃墜3機、P-40撃墜1機が報じられている)］。

1943年12月、桂林で次の作戦を待つ、第74戦闘飛行隊のウォーホーク。P-40N-5「白の21」号機、シリアル番号42-105009のパイロットはハーリン・L・ヴィドヴィチ大尉、風防の下にふたつの撃墜マークが見える。操縦席の前にインディアンの絵を描いているヴィドヴィチは純血のアメリカ先住民で、1944年1月18日、新品のP-40N型を昆明から桂林へと空輸中、悪天候のため、墜死した。

1943年12月に、英空軍のポーランド人エース、ヴィトルッド・ウルバノヴィッチュが衡陽飛行場に胴体着陸させてしまった愛機P-40K型「スティンキー」の災難を嘆く、第75戦闘飛行隊のビル・カールトン少尉。ウルバノヴィッチュは第75戦闘飛行隊で1943年最後の3カ月間戦い、12月11日、南昌上空で撃墜2機を報じている。この間、たいがいはP-40M型「白の188」で飛んでいた。(ウルバノヴィッチュについては本シリーズ第10巻「第二次大戦のポーランド人戦闘機エース」68頁を参照)

昆明で、愛機P-40K型(白の255)の前で、機付長のジェリー・ダセック軍曹と語る第26戦闘飛行隊の指揮官、エド・ノルマイアー少佐。同機が、風防の下に5機の撃墜マークを入れていることから、この写真はノルマイアーが最後の戦果としてちょうど5機めに当たる、一式戦2機撃墜を報じた1943年12月22日以降に撮影されたことがわかる。第51戦闘航空群はすでに数カ月も前から実戦配備されているのに、このP-40がまだシャークマウスを描いていないことに注意。カウリングの標識同様、機首の黄色い帯も、同飛行隊の印であった。ノルマイアーは、第26戦闘飛行隊最初のエースであった。

## 第51戦闘航空群の参入と中米混成航空団
### Enter the 51st FG and the CACW

　第23戦闘航空群が中国東部の戦線保持に懸命となっているあいだに、第14航空軍内で大きな変化が起きていた。第308爆撃航空群のB-24と、第449戦闘飛行隊のP-38が到着したことは長い間待ち望んでいた増強の先触れであった。1943年9月、第10航空軍の所属であった第51戦闘航空群の中国への異動はとんとん拍子でまとまって行った。この異動によって、シェンノートの兵力には2個の完全なP-40部隊、第25、第26戦闘飛行隊が加わることになった。

　前章で述べたように、第25、第26戦闘飛行隊の成員はビルマで戦闘を経験した古参と、第80戦闘航空群から転任になったばかりの新人であった。かれらの装備はP-40K型と、M型で、第26戦闘飛行隊がN型を若干もっていた。

　手の内にさらに兵力をもっていたシェンノートは、第14航空軍の前衛部隊を2個の混合航空群に再編成した。桂林に本部をおく第68中国飛行隊は、第23戦闘航空群のP-40、第449戦闘飛行隊のP-38、第11爆撃飛行隊のB-25とともに中国東部を護っており、その一方、昆明に本部をおく第69中国飛行隊には、雲南駅の第25戦闘飛行隊と、昆明の第26戦闘飛行隊とともにハンプ基地の防衛に当たらせようというのだ。その後、B-25をもつ第341爆撃航空群がこの編成に追加された。第16戦闘飛行隊は、もともとの母体である第51戦闘飛行隊の傘下に戻り、第449戦闘飛行隊も管理上の都合で同航空群の傘下に入ったが、両隊ともずっと中国東部に留まっていた。

　中国でこれらすべてが進行してゆく一方、カラチ郊外のマーリアの巨大な訓練基地で、第14航空軍のもうひとつの戦闘航空部隊が作り出されつつあった。他に類を見ないこの部隊、中米混成航空団(Chinese-American Composite Wing: CACW、中国名は中美混合空軍団)は、何よりも必要が生み出したものであった。

　中国人パイロットたちは1941年以来、合衆国で訓練を受けてきたが、中国空軍部隊は、米国人がやってきて以来、中国の航空戦ではほとんど何もしていなかった。日本軍に対する戦闘機パイロットを必要としていたシェンノートは、中国の新人パイロットを休眠中の中国空軍に配属しても無駄になるだけだと知っていた。また当時、米国の航空産業は驚くべき勢いで、とくにP-40とB-25

を生産していたが、米陸軍航空隊は世界中からパイロットの増員を求められ、その対応に大わらわだった。シェンノートが、両資源の合体も申し出ると、蒋介石も米陸軍航空隊も二つ返事で了解し、中米混成航空団が生まれたのである。

シェンノートは中国での長い経験から、中米混成航空団は中国人の面子を毀損するような組織にしてはならないが、同時に効率的な戦闘指揮もできなくてはならないと述べた。1943年春、第1段階として、かれは中国空軍から優れた基幹パイロットを第23戦闘航空群に勧誘した。かれらの大半は、その後、中米混成航空団へと転属し、小隊長、あるいは飛行隊長になった。小隊長から航空団長に至るすべての職務に、中国人と、米国人の将校がそれぞれ同格の指揮官として任命されるという同部隊の構造に組み込まれたのである。新しく訓練されてきた中国人パイロットの配属で、各飛行隊は仕上げられた。

2個はP-40部隊、1個はB-25の部隊からなる中米混成航空団、最初の3個飛行隊の訓練は、1943年8月、マーリアで開始された。これら3個飛行隊が10月に実戦配備可能となると、新たに3個飛行隊が創設された。最初の2個中米混成航空団P-40飛行隊、第28、第32戦闘飛行隊は、1943年11月下旬、桂林に進出、翌月から作戦行動に入った。1944年夏までに、中米混成航空団はそれぞれP-40戦闘飛行隊4個からなる、第3と、第5という2個戦闘航空群に加え、B-25をもつ4個の部隊から成る第1爆撃航空群の訓練を終えた。これらの部隊は、名目上は中国空軍に属していたが、シェンノートの第14航空軍の指揮下にあった。中米混成航空団の機体はレンドリースによって中国空軍に与えられたものであったので、中国空軍の標識をまとっていた。

同戦域の戦闘機の数が増えるに連れ、第14航空軍所属機の標識の描き方も変わった。1943年秋までに、中国に引き渡された新型P-40M型と、N型には「スター＆バー」［星と帯］の標識が描かれており、以前の第23戦闘航空群機のように星が塗りつぶされることはなくなった。その結果、全P-40の飛行隊番号は尾翼に移動され、各飛行隊には次のような番号が割り当てられた。20から59は第74戦闘飛行隊、151から199は第75戦闘飛行隊、100から150は第76戦闘飛行隊、351から400は第16戦闘飛行隊、200から250は第25戦闘飛行隊、251から299は第26戦闘飛行隊、そして第449戦闘飛行隊には300から350の番号が与えられた。後に中米混成航空団、第3戦闘航空群のP-40N型は600番代の数字を描き、第5戦闘航空群は700番代の数字を描くようになった。第14航空軍所属の爆撃機飛行隊は、50番代が割り当てられていた。

第16戦闘飛行隊のJ・ロイ・ブラウン大尉が、おそらく昆明から飛ばしていた使い古して継ぎだらけとなったP-40K型、「白の356」。他飛行隊の所属機だったのか、あるいは残骸から再生された同機は「オル・ヘリオン」［老いたる乱暴者］の名を機首の両側に描いている。ブラウンは1943年9月から、1944年3月の間に第16戦闘飛行隊で撃墜確実5機、不確実3基、撃破1機の戦果を報じている。

## ■ 忘れ得ぬ12月
### A December to Remember

1943年、11月13日、日本の第11軍は漢口の兵営から西方、洞庭湖の畔、中国軍が保持している都市、常徳（チャンデ）へと動き出した。この作戦の最終目的は、かれらの軍団地域の豊かな米作地帯にいる中国の農民を確実な支配下におき、他地域の日本軍将兵へも食料が供給できるようにすることであった。中

1944年初頭、雲南駅飛行場で撮影された第25戦闘機隊A小隊の列線。手前の「ミミ」(P-40K-5、シリアル番号42-9870)は飛行隊指揮官、アール・ヘリントン少佐の乗機で、指揮官を示す2本の帯が胴体に描かれている。国籍標識の右白帯が斜めに欠けているのは、以前、同機が編隊長の乗機であった頃の名残である。残念なことに、尾翼に描かれた3桁の機体番号はわからない。

国東部にいたP-40部隊の反撃は猛烈で、進む日本軍部隊に爆弾と銃弾の雨を降らせたが、12月1日、日本軍は常徳を包囲、攻城戦に入った。P-40乗りたちは、かれらの機体を輸送機として飛ばし、落下増槽に銃弾や食料品を詰め込み、町を護る中国軍部隊に投下した［日本軍は11月29日に常徳城内に突入、12月3日、完全に占領した］。

常徳上空の初空戦は12月4日、第74、第75戦闘飛行隊のP-40が、護衛していたB-25に手出しをしようとした二式単戦を撃墜したのである［12月4日、85戦隊は二式単戦1機喪失（第1中隊長、洞口光大尉戦死）。常徳上空では、これ以前にも中国空軍機が日本機と度々交戦している］。

この月、戦いはさらにつづき、12月12日、日本軍は衡陽に連続空襲を仕掛けて反撃した。二式単戦と、一式戦から成る最初の日本編隊が、町の上空で行われた戦いを切り上げ、かれらの基地がある南昌へと転針した後、第74戦闘飛行隊のリン・F・ジョーンズ大尉は、P-40の新手小隊を率いて、日本機を追尾攻撃した。かれは南昌の近くで日本編隊を奇襲、5番目の戦果として、一式戦1機撃墜を報じた。

同じ日、第75戦闘飛行隊パイロットの交代要員のひとりが、中国での航空戦でも一風変わった空戦戦果のひとつを報じた。僚機として飛んでいたドナルド・D・ロペス少尉は、一式戦の編隊に対する最初の攻撃航過のあと、編隊長機を霧のなかに見失った。ロペスはそのとき、一式戦1機を発見し、後方からその日本機に迫って行った。日本の操縦者はロペス機の接近を知り、急旋回すると対進攻撃態勢に入った。両機とも火蓋を切った。ロペスは射弾が命中するのを見たが、そのとき2機の戦闘機は、たがいの頭上をすれ違っていた。

日本軍操縦者は鋭く右に旋回し、両機の左翼同士が接触した。ロペスは強い衝撃を感じ、振り返ると、一式戦の主翼が胴体から外れ、狂ったように旋転しながら落ちて行くのが見えた。P-40の主翼も叩きつぶされていたが、そっくり残っており、ロペスは何事もなく衡陽に着陸することができた。これはロペスが中国で落とすことになる総戦果5機の初戦果となった（最後の1機はP-51C型で報じた。詳細は「Osprey Aircraft of the Aces 26 — Mustang and Thunderbolt Aces of the Pacific and CBI」を参照）。

12月12日、第23戦闘航空軍のパイロットは確実撃墜を全部で16機公認され、この月の航空群の総戦果は41機となった［12月12日、衡陽で11戦隊は一式戦2機喪失（2名戦死）。25戦隊一式戦1機喪失（戦死）。第75戦闘飛行隊P-40喪失1機（戦死）。12月、第23戦闘航空群機との交戦で生じた損害、一式戦8機（戦死7名、捕虜1名）、二式単戦3機（戦死3名）、九九双軽5機（戦死20名）、百式司偵3機（戦死6名）、第23か、中米混成航空団の戦果か特定できない損害、二式単戦1機（戦死）、計19から20機。その他、第23が報じた戦果、九九軍偵1機、機種不明3機は、該当の損害も、落とされてないことも確認できず。空戦による第23の損害、P-40喪失9機（戦死2名）。同部隊と行動をともにした第308爆撃航空群はB-24喪失2機（戦死12名）、上記した日本側損害の

一部はB-24の防御砲火による可能性もある］。

　12月には中米混成航空団、第3戦闘航空群のパイロットもその初陣を飾り、その月、撃墜9機を報じた［12月の中米混成航空団による損害で確実なのは、二式単戦1機（戦死）のみだが、二式単戦をもう1機落とした可能性もある。中米混成航空団の損害はP-40喪失5機（戦死4名、捕虜1名）］。

　1943年の暮れ、第51戦闘航空群も日本軍が厳重に護衛された爆撃機の編隊をビルマから昆明に2回送り出し、3回目には雲南駅を空襲したため、部隊の月間最高戦果を記録した。三度とも、航空群は効果的に邀撃し、34機の撃墜を記録した。日本爆撃機の投弾による基地の被害は極めて小さいものだった。

　第26戦闘飛行隊のエド・ノルマイアー少佐は12月18日、22日の昆明空襲で3機撃墜を報じ、飛行隊は初のエースになった。戦友である第16戦闘飛行隊の指揮官ボブ・ライルズ少佐も、18日の邀撃で一式戦撃墜確実1機、不確実2機、撃破1機を報じ、総戦果を正確に5機にしてエースになった。雲南駅では、12月19日に第25戦闘飛行隊が滅多にない空戦の機会を得て、撃墜10機を報じた。パイロットのひとり、ポール・ロイヤー大尉は、ロペスの戦果のように九九双軽1機を空中衝突で撃墜した。もうひとりの第25戦闘飛行隊パイロット、ジム・ソーン中尉は、その日、最初に離陸、小隊のP-40、4機を率いて戦った。かれは、この空戦を回想している。

　「わたしは獲物を真っ直ぐに狙い、長い連射を見舞った。その九九双軽は発煙し、わたしが短い連射を片方のエンジンに放つと、そこから炎がほとばしった。離脱しつつ見ると、別のP-40が3機、命中弾を見舞っており、日本軍の編隊は支離滅裂になっていた。そのときまでに空戦は凄まじい格闘戦になり、空はいたるところ飛行機で満たされた。わたしは一式戦にすばやく発砲して1機を仕留めたが、そのとき、後方から一式戦に撃たれ、荒々しく操縦桿を倒し、右に離脱した。わたしの機体は裏返しになり、錐揉みに陥った。わざと錐揉みに入れて退避したのだ。錐揉みから回復するまでに、戦闘から逃れ、日本機は帰途に着いていた。わたしは飛行場に戻り、着陸した。みな、わたしを見て驚いた、錐揉みで離脱したのを見て、戦死したと思われていたのだ。待機小屋は、優勝したスポーツチームのロッカールームのような大騒ぎだった」［12月18日、昆明、64戦隊一式戦2機喪失（戦死1名、捕虜1名）、撃墜5機を主張。60戦隊九七重爆2機喪失（戦死14名）。12月19日、雲南駅、50戦隊一式戦2機喪失（戦死2名）、撃墜6機を主張。34戦隊九九双軽喪失3機（戦死12名）、被弾1機（機上戦死2名）。12月22日、昆明、64戦隊一式戦喪失1機（戦死）、33戦隊一式戦喪失1機（戦死）、204戦隊一式戦喪失3機（戦死3名）、撃墜18機を主張。60戦隊九七重爆喪失2機（戦死14名）、1機被弾（片発停止）。3日間の損害合計は16機。第51戦闘航空群の損害は不明］。

　1943年が暮れ、新年が始まると、中国の米軍パイロットは戦争は1944年のクリスマスまでに終わると期待した。だが、日本の大本営はそう思ってはいなかった。

## chapter 4
# 長き退却
the long withdrawal

　常徳攻城戦と、穀倉地帯占拠のためのいわゆる「ライスボウル」[飯茶碗]作戦は1944年の初めに終息したが、さらに大きな暗雲が水平線に現れつつあった。太平洋戦争は日本側不利に進み、南シナ海は第14航空軍の長距離掃討と、米潜水艦の攻撃に曝され、原油や鉱石を東南アジアから本土に送る日本船舶は深刻な脅威を受けていた。おなじころ、中国ではシェンノートの戦闘機隊は、さらに2個の中米混成航空団のP-40戦闘飛行隊、第7、第8戦闘飛行隊が到着するなど成長をつづけていた。一方、地上では中国陸軍の最精鋭がビルマ北部で戦う連合軍に加わった。

　日本の大本営はこれらの脅威に対する最良の対策として、中国南部を占領し、蔣介石を戦争の局外に排撃するための一大作戦を発起した。「1号作戦」（大陸打通作戦）と呼ばれるこの攻撃作戦は、第14航空軍の厄介な東方基地を占領、戦争資材を仏印から漢口を経由して、北京、朝鮮半島、満州に鉄道輸送可能にするために計画された［東南中国大陸の敵航空基地を覆滅して本土空襲企図を防止する。中国大陸を縦断する南部京漢線および粤漢線・湘桂線を占拠し、南方への海上交通が遮断されても、その後方線を確保できる大陸打通の陸上連絡路を作る］。そして、ほとんど成功するところであった。

エド・カッサダ中尉機は、1944年3月17日、16時にチェンクンに向かっているという日本機に対する緊急出動した第16戦闘飛行隊の8機のうちの1機だった。結局、日本機とは遭遇せず、カッサダ中尉は新品のP40N-5「白の356」を、滑走路の補修資材として備えられていた砂利山にぶつけて壊してしまった。「メアリー・リー」の主翼にわびしく座っているのが、運の悪いパイロット本人である。

1号作戦は1944年4月に開始され、漢口から湘江河谷沿いに動き始めた。中国軍は長沙を数週間は確保していたが、しかしそこが陥落すると衡陽は外郭防衛線を失ってしまった。6月16日、第14航空軍は衡陽の飛行場を放棄、零陵は8月に陥落、9月には桂林が失われた。仏印からは、別の日本軍地上部隊が、進撃部隊と合同するために北東に移動、目標は第14航空軍の新しい基地、南寧と柳州であった。年末までに、日本軍は鉄道路線をすべて確保したが作戦目標は完遂には至らなかった。鉄道が空からの攻撃に曝されることを防げなかったからである。第14航空軍は制空権を保ちつづけ、鉄道路線輸送はとうとう稼働しなかった。また、日本軍は占領した飛行場を活用することもできなかった。

　1号作戦期間を通して、中国のP-40飛行隊は激しく戦いつづけていた。日本軍機とも頻繁に交戦したが、かれらの優先目標は地上部隊だった。爆弾、ロケット弾、搭載火器を使って前線の部隊の集結地、戦車、砲兵を攻撃し、日本軍の連絡線、兵站線に沿って飛び、ありとあらゆる物を襲った。操車場、橋梁と並んで、トラック、列車、河船を好んで狙った。

　1944年3月中旬、第26戦闘飛行隊は、昆明の南方約200kmにある新基地、南寧（ナンニン）にP-40の分遣隊を派遣した。1944年4月5日、リンドン・O・マーシャル中尉はそこで、一度の戦闘で日本機4機を落とすという、中国での航空戦におけるもっとも目覚ましい戦果のひとつをあげた。かれに語ってもらおう。

「わたしは南寧の作戦将校だった。まさしくその日、我が部隊の戦闘機は基地から別の作戦に出ており、5機と、そのパイロットだけが基地防衛のために残っていた。天候は曇りで、霧が出ていた。我々は中国の早期警戒網から32機の日本機が南寧基地の方角に飛んでいるという情報を得た。我々5機は離陸し、高度をとった。猛烈な降下速度を出すことができるP-40にとって、高度

L・O・「リン」・マーシャル中尉は、1944年4月5日に南寧飛行場の近くで、日本戦闘機4機を撃墜、第51戦闘航空群と、第26戦闘飛行隊で2番目、そして最後のエースとなった。かれのP-40K-5、製造番号42-9734の尾翼番号は256、機首には「ジェイニー」の名前があり、ハブキャップにはシャムロック（マメ科植物の紋章）が入れられている。マーシャルは自分の機体に撃墜マークを書き入れるのは丁重に辞退した。

1944年4月5日の南寧空戦では、第51戦闘航空群、第26戦闘飛行隊のパイロット、ここにいる4名が日本機8機を撃墜したと認定された。左から、アレン・パトナム少尉（2機撃墜）、「リン」・マーシャル中尉（4機撃墜）、ロイド・メイス少尉（1機撃墜）、レックス・ダンカン中尉（1機撃墜）。9機目の日本機、二式戦闘、一式戦の二型［実際には零戦だった］は、第16戦闘飛行隊のサム・ブラウン少尉のウォーホークと衝突して墜落した。

1944年夏、漢中基地で、トーマス・M・マロニー大尉機でポーズをとる 中米混成航空団、第3戦闘航空群、第32戦闘飛行隊の地上勤務者。主翼に座っているのは、左からジェシー・ナイトン技術軍曹、キース・ウォーム技術軍曹、ジョン・オブライアン曹長、カーリーン・ロバートスン曹長と、ジム・キッド技術軍曹。胴体に寄りかかっているのは、ボブ・ライリー技術軍曹。

は重要だった。P-40は急降下では日本戦闘機に勝ったが、旋回で内側に回り込むことはできなかった。

「日本機が飛行場に接近中との無線が入ったとき、我々は高度5400mに達していた。飛行場と我々の間には厚い霧が広がっており、ジャップは見えなかった。我々は霧を抜けて降下し、高度約3000mで日本軍編隊を突き抜けた。もうそれ以降、人のことは構っていられなかった。戦闘の初期は、降下速度の大きさを利用して旋回、上昇、降下して、もちろん敵機のうしろをとればすぐに発砲した。わたしの射撃精度は、非常に良かったに違いない。

「わたしはこの空戦で殺されかかった。戦闘中はエンジンを全開にしていた。戦ううち、高度は地上に近くなり、もし可能ならもう少し高度をとる必要が生じてきた。上昇にかかると、わたしの機体は裏返しになり、背面錐揉みに入ってしまった。エンジンを全開にしていても失速してしまうことはあるのである。エンジンを切ってしまえば、P-40は簡単に背面錐揉みから抜け出すことができたが、もし出力を抑えられないなら、抜け出すのは不可能に近かった。戦闘の興奮から、わたしはエンジンを切らなかったのだ。何かの奇跡で、わたしは錐揉みから脱し、操縦できるようになった。木々の梢からわずか数フィートで機体を立て直した。上昇しているときには、数機のジャップが後方についていた。連中はわたしが錐揉みに入ったとき、撃墜したと思ったのだろう。いずれにせよ、回復したとき、奴らはもういなかった。機体は数回にわたって被弾したが、運良くわたし自身には当たらなかった。タイヤが片方撃たれていたので、着陸したとき、P-40は滑走路横の溝にはまってしまった」

一式戦であったか、二式単戦であったが、パイロットたちは機種を判別でき

中米混成航空団、第3戦闘航空群、第7戦闘飛行隊の中国人指揮官、スー・チーシャン大尉（左）と、副指揮官陽永光（ヤンヨンクァン）中尉に挟まれた、同米人指揮官ウィリアム・リード少佐。リードは、1941～1942年、米義勇航空群で小隊長を務めていた時分に3機撃墜を報じて以来、戦果を増やしつづけ、撃墜確実9機を報じ、中米混成航空団のトップエースとなった。スーと、陽もそれぞれ撃墜2機を報じ、1945年には米航空殊勲賞を受章した。

1944年夏、安康（アンカン）で日本軍の破片爆弾で切り裂かれた第3戦闘航空群のP-40N型。

1944年夏、トム・グラスゴーが昆明湖上空を飛ばしているP-40N型「白の367」「クラウィン＝キトゥン」（クラウィンの子猫］）。この第16戦闘飛行隊所属のウォーホークは普段、カール・ハーディ大尉が使い、かれが1943年12月12日に撃墜確実を認められた隼1機の標識が操縦席前方に見える。

なかったが、この4機撃墜によって、マーシャルの戦果は合計5機撃墜となり、第26戦闘飛行隊で2番目の、そして最後のエースになった。かれの小隊の残りのパイロットもさらに5機撃墜を報じたが、サム・ブラウン少尉は乗機P-40が一式戦か、二式単戦と衝突したため戦死した［4月5日、南寧を攻撃したのは海南島、三亜を出撃した254空、三亜空、海口空の零戦32機。零戦9機喪失（戦死9名）、不時着4機。P-40撃墜7機、不確実2機を主張。第26戦闘飛行隊はP-40喪失2機（戦死1名）、損傷1機。撃墜確実9機、不確実3機、撃破3機を主張。これまで中国で撃墜を報じられてきた「零戦」はすべてが一式戦か、二式単戦であった。しかし今回は一式戦と報告されているが、皮肉なことに正真正銘の零戦であった。詳細は中公文庫『太平洋戦争航空史話　上』秦郁彦著・中公文庫・1995年を参照］。

中米混成航空団、第3戦闘航空群、第8戦闘飛行隊のレイモンド・L・キャラウェイ大尉は6機の撃墜確実を報じたエースで、1944年8月後半は、このP-40N-20（中国空軍シリアル番号P-11249、「白の681」号機）で飛んでいた。同機は第5戦闘飛行隊から移籍された機体で、エンジンカウリングの左側には「シャーリーⅡ世」の名を描いていた。胴体の「03」の番号は、第3戦闘航空群で時折使われていた表記であった。この撮影から程なくして、サメの歯には血痕が描き加えられた。キャラウェイは1944年の秋、第3戦闘航空群の第32戦闘飛行隊の指揮官となった。

1944年夏、梁山でロケット弾装備のP-40N型の主翼に座るおそらくは6.5機撃墜のエース王光復中尉と思われる中米混成航空団、第3戦闘航空群、第7戦闘飛行隊の中国人パイロット。エンジンカウリングの上に書かれた中国語の意味は「防弾」ないし、「不死身」である。

1944年8月20日、梁山でビル・リード中佐のP-40N型「白の660」「ボスズ・ホス」にサインを入れたばかり映画女優アン・シェリダン（左からふたり目）が率いる米慰問団。この翌日、中国人パイロットが同機で離陸事故を起こし、サインを台無しにしてしまった。リードのずっとうしろに第3戦闘航空群の指揮官、アル・バネット大佐の姿が一部だけ見えている。この戦闘機に描かれている4機の撃墜マークにはリードの戦果は含まれていない。

## 「屠殺場街道」
'Slaughterhouse Alley'

1号作戦がはじまったとき、中米混成航空団の第3戦闘航空群の4個飛行隊は、北方、湖南省で漢口、北京鉄道［南部京漢線］に沿って前進する日本軍に対して投入された。第28戦闘飛行隊は恩施の基地から、第32飛行隊は漢中（ハンチュン）

81

基地から作戦し、第3戦闘航空群本部と第7、第8戦闘飛行隊は梁山を基地にし、P-40パイロットたちは芦洲、洛陽街道沿いの日本地上部隊を絶えず叩き、いつしかそこは「屠殺場街道」と呼ばれるようになった。

5月5日、第32戦闘飛行隊のウィリアム・L・ターナー少佐とキース・リンデル大尉のふたり組が、単発爆撃機を撃墜し、第3戦闘航空群は、同戦役中最初の撃墜戦果を記録した。そのすぐ後、飛行隊の戦友、トム・マロニー大尉と、第3戦闘航空群本部付きのトム・サマーズ中佐が双発の輸送機を協同撃墜した[5月5日、6戦隊、または44戦隊の九九軍偵と思われる。輸送機は不明。両機とも日本側損害未確認。第32戦闘飛行隊はP-40喪失2機（地上砲火、両名とも生還）]。

南西太平洋（日本の南東方面）で撃墜3機を報じ、中国でさらに2機を落としていたウィリアム・ターナーはこの協同撃墜で、総戦果を5.5機にした。この第32戦闘飛行隊指揮官は、その後、自己戦果を8機にまで伸ばすことになる。

第3戦闘航空群のもうひとりの古強者は、第7戦闘飛行隊の指揮官、ウィリアム・N・リード少佐であった。かれはシェンノートのもと米義勇航空群で戦い、1941～1942年、第3飛行隊の指揮官として3機を撃墜、7.5機を地上で撃破、そして5月16日、かれはふたたび日本軍から戦果を稼ぎ、2機を協同撃墜、さらに2機を単独で撃墜、総戦果を6機とした[5月16日、リード少佐は一式戦、九九軍偵各1機を協同撃墜。九九軍偵、二式単戦各1機を単独撃墜。第7戦

中米混成航空団のトーマス・A・レイノルズ少佐は第二次大戦中、他のいかなる米人パイロットよりも多くの日本機を破壊したにもかかわらず、エースにはなれなかった。かれは当初、第5戦闘航空群、第17戦闘飛行隊で戦い、日本機4機を撃墜、そして、地上で38機を破壊、戦果の合計は42機であった。

1944年5月、アーサー・クルクシャンク少佐が中国に戻り、第74戦闘飛行隊の指揮を任されたとき、かれはP-40N-5、シリアル番号42-105152「白の45」を「ヘルズ・ベル」と命名した。第74戦闘飛行隊の標識が両方向舵に描かれ、胴体の上には方向探知機のループアンテナがある。1944年6月15日、クルクシャンク少佐は同機で飛行中、対空砲火で撃墜され、友軍地域上空で脱出、数日後には飛行隊に帰ってきた。このエースは1944年6月25日、最後の戦果2機を報じ、自己総戦果を8機にまで押し上げた。

ヘンリー・F・デイヴィスJr中尉は、第23戦闘航空群、第118戦術偵察飛行隊で手柄を立てたパイロットであった。デイヴィスは、1944年7月から10月の間に、一式戦撃墜確実3機と、撃破2機を報じた。第118戦術偵察飛行隊では、同期間中、さらに2名のパイロット、オラン・ワッツ中尉(5機を落として同飛行隊最初のエースとなった)と、アイラ・ジョーンズ少佐(3機撃墜)も戦果を記録している。

1944年9月30日、地上掃射任務を終えた第23戦闘航空群、第74戦闘飛行隊、ジョン・ボルヤード中尉のP40N-20「白の38」、シリアル番号43-23661は、広州(クワンチョウ)飛行場でグラウンド・ループしてしまった。このウォーホークは第81戦闘航空群の第91戦闘飛行隊から移籍された機体だったので、第74戦闘飛行隊の機体番号とともに、方向舵には同部隊の標識である白い斜線が残っている。P-40のカウリング上部に「ジョイ」の名がかろうじて見える。ボルヤードは1944年11月と、12月にP-51C型で5機の撃墜戦果を記録する。

闘飛行隊はその他、二式単戦撃墜1機を主張。P-40喪失1機(生還)。44戦隊、九九軍偵を少なくとも1機喪失、9戦隊二式単戦2機喪失(戦死2名)]。

　第3戦闘航空群は1944年の夏いっぱい、こんな具合に戦い、P-40のパイロットは撃墜戦果を重ねていった。6月、第8戦闘飛行隊の副隊長、蔵錫蘭大尉(チャンシーラン)がエースとしてのし上がってきた。かれは戦闘経験を積むために、中国空軍から第23戦闘航空群に派遣されたパイロットのひとりで、初戦果は第75戦闘飛行隊の一員として1943年5月31日に報じた[5月31日、第75戦闘飛行隊と中国空軍のP-40が宜昌攻撃のB-24を護衛。第75戦闘飛行隊P-40被弾1機(アリソン中佐機。大坪靖人大尉の射撃による)。33戦隊一式戦喪失1機(第1中隊長、大坪大尉戦死)、被弾1機。この戦果は中国空軍のエース、周志開の戦果ともいわれている]。

　1944年6月2日、かれは2機を戦果に加え、8月23日、開封(カイフェン)で黄河を渡る鉄道橋を攻撃するB-25を護衛中に二式単戦2機を撃墜し、戦果拡張を締めくくった。第8戦闘飛行隊の戦友、レイモンド・L・キャラウェイ大尉は、揚子江のジャーユー付近で5機目の戦果として、一式戦撃墜1機を報じて、その前日にエースの地位を得ていた[6月2日、覇王城、9戦隊二式単戦喪失1機(戦死)。

8月22日、第7戦闘飛行隊はP-40喪失1機（戦死）。23日、第8戦闘飛行隊はP-40喪失1機（蔵錫蘭機、被弾不時着、生還）。両日ともに日本軍に損害の記録なし］。

　中国空軍の、未来のエース2名、第7戦闘飛行隊の王光復中尉（ワンクァンフ）と、譚鯤中尉（タンクン）も1944年夏に最初の撃墜戦果を報じた。

　10月27日、ビル・リード中佐が航空群の4個飛行隊からの混成編隊16機のP-40を率いて、列車攻撃作戦に出たとき、第3戦闘航空群の1944年最後の大

1944年6月、芷江で2機のはっきり見えない名前をつけたP-40N型の前でポーズをとる中米混成航空団、第5戦闘航空群、第26戦闘飛行隊のパイロット。立っているのは左から、中国人指揮官のヤオ・イェイ大尉、タン・CC中尉、レン・TS中尉、グレン・ラムゼイ大尉、ビル・キング中尉、ファン・ウェイ中尉、ソー・SH中尉、チャン・YK中尉、ジム・マッカチャン中尉と、米人指揮官のロバート・ヴァン・オーズダル少佐。座っているのは左から、フェン・TY中尉、P-40で戦時中最後の撃墜戦果を記録したウェイ・シャンコウ中尉、シュー・TS中尉、リュー・LC中尉、チャン・YS「ヴィック」中尉、Yang SH「ボビー」中尉と、未来のエース、フィル・クールマン中尉。

1944年5月、衡陽でP-40N型「白の175」「レーン・ザ・クイーン」に腰掛ける第23戦闘航空群、第75戦闘飛行隊のドン・キーグリー大尉。同機の名前はかれの妻アイリーンに由来するものであった。キーグリーは1944年8月10日、衡陽の北方で撃墜されるまでに5機を落とし、少佐に進級、第75戦闘飛行隊の指揮官となっていた。かれは終戦まで、捕虜になっていた。

1944年7月、桂林でP-40N型「白の194」「ロペズ・ホープ」に乗り、出撃を待つ、第23戦闘航空群、第75戦闘飛行隊のドン・ロペズ中尉。ロペズはP-40で、4機撃墜を報じ、1944年11月11日、衡陽の近くでP-51C型を以て一式戦を撃墜してエースとなった。

1944年9月、桂林飛行場放棄の後、慌ただしく蓋江に移動した第75戦闘飛行隊のフォレスト・F・「バビー」・バーナム中尉のP-40N「リトル・ジープ」。かれは1944年11月11日、マスタングで5機目として、日本戦闘機1機を撃墜してエースとなった［48戦隊の一式戦は衡陽邀撃戦でP-51撃墜4機を報じ、隼4機が撃墜され3名戦死、さらに3機が被弾不時着した。第75戦闘飛行隊はP-51C型3機を喪失、戦死1名、捕虜1名、生還1名］。「白の165」の背後にあるのは、中国空軍の塗装を施した中米混成航空団、第5戦闘航空群、第26戦闘飛行隊のP-40である。

空中戦が起こった。漢口の南方32km地点で機関車を徹底的に射撃した後、リードは帰りに日本軍の荊門(キンメン)飛行場に寄り道しようと決心した。

P-40のパイロットたちは眼下に、飛行場上空で着陸の場周飛行中の九九双軽9機と、一式戦10機ばかりを発見した。リードは稲妻のように襲いかかり、最初の攻撃航過で、残った弾薬を撃ち尽くす前に、九九双軽1機を撃墜した。数分間で、飛行場の周囲には煙を上げる日本軍機の残骸が点々と散らばることになった。

全部で撃墜16機が報じられたが、最高の殊勲をあげたのは王光復で、第7戦闘飛行隊のヘイワード・パクストン中尉と一式戦1機を協同撃墜したのをはじめ、単独で一式戦2機、九九双軽1機の撃墜を報じ、自己戦果の合計を5.5機にしたのである。未来のエース、パクストンもまた、一式戦撃墜2機を報じている［10月27日、25戦隊一式戦喪失3機(戦死3名)、1機炎上大破。16戦隊九九双軽喪失3機(戦死12名)、2機炎上大破］。

ビル・リードの戦果はいまや、確実撃墜9機、中米混成航空団のトップエースとなった。悲しいことにかれは2カ月足らず後の1944年12月19日、梁山(リャンシャン)付近で燃料の切れたP-40から落下傘降下したときに死亡した。脱出の際、尾翼で頭部を打ち、意識不明となり開傘索を引けなかったのであろう。リードは落下傘が開かずに死亡したのである［12月19日、中米混成航空団は悪天候のためにP-40喪失3機(3名落下傘降下、死亡、負傷各1名)］。

## ■ 撃って、退け
### Fire and Fall Back

1944年の夏から秋にかけて、第23戦闘航空群は1号作戦によって航空基地が奪われて行く先から、カエル飛びのように退却していったが、新しいノースアメリカンP-51戦闘機が到着による飛行隊の装備改変が威力を発揮し始めていた。この改変は1943年10月、P-51A型「マスタング」15機が、ビルマの第

311戦闘航空群から引き渡されたときから始まっていたが、1944年春には、さらに強力なマーリンエンジンを搭載したP-51B型がぽつり、ぽつりと届きはじめ、第76戦闘飛行隊はやがてP-40を全廃。第74、第75戦闘飛行隊もそれにつづいたが、航空群全体の改変は秋までかかった（詳細は「Osprey Aircraft of the Aces 26—— Mustang and Thunderbolt Aces of the Pacific and CBI」を参照）。

1944年6月、4つ目の飛行隊、積極的な性格のエドワード・マコーマス少佐率いる第118戦術偵察飛行隊が、第23戦闘航空群に加わった。第118は当初、武装を残したままカメラを搭載したP-40N型を使っていたが、この年の後半には写真偵察型のP-51、またはF-6マスタングに装備を改変した。第118戦術偵察飛行隊は、コネチカット州で、訓練に励んできた熟練パイロットで編成されから来た戦前の国防航空隊であった。事実、10月までに、同隊は最初のエース、オラン・S・ワッツ大尉を輩出することになった。

湘江河谷沿いの飛行場群を失ったことによって、シェンノート将軍はウォーホーク飛行隊の新しい基地の物色を余儀なくされた。昆明や重慶に総退却してしまう代わりに、かれは漢口と広東の間に中国軍が保持していたポケット地帯に目をつけた。そこには、数ヵ月にわたって補給品の集積を行ってきた遂川と、漢中基地があった。第74戦闘飛行隊は7月から漢中基地を時々使い始め、9月初旬には白髪混じりのジョン・C・「パピー」［父ちゃん］・ハーブスト少佐の指揮下、最終的に漢中基地へ移動した。

ハーブストには1941年、カナダ空軍のパイロットとして地中海を飛んでいたときにドイツ機を撃墜したという伝説があり、公式には認められていないが、中国に来てからの腕前がその信憑性を裏付けている。かれは8月6日、第74戦闘飛行隊機を率いて以前基地として使っていた衡陽を攻撃した際に、4番目、5番目の戦果として一式戦撃墜2機を報じ、9月に乗機をマスタングに変えたときからハーブストの戦果は本当に伸び始めた。1945年の初期、中国を離れるまでに、かれは中国・ビルマ・インド戦域のトップエースである第23戦闘航空群本部付きのチャールズ・オールダー大佐と並ぶ18機の撃墜を報じていた［8月6日、第74戦闘飛行隊は衡陽で、一式戦撃墜4機、九九襲撃機撃墜1機を主張。6戦隊の九九襲撃機が、48戦隊の一式戦9機の掩護のもと、衡陽攻撃の地上支援。損害の記録なし］。

1944年夏の間のパイロットと航空機の奮戦と、消耗は壮絶なものであ

蓋江のP-40N型「ジョー＆ドゥードゥー」の前でポーズをとる中米混成航空団、第5戦闘航空群、第17戦闘飛行隊のウィリアム・K・ボノー中尉と、ジーン・ガイルトン中尉。ルームメイトのふたりは、機体（おそらく白の767）にボノーの恋人と、ガイルトンの妻の名を併記した。ボノーは1944年6月26日から、11月9日のあいだに撃墜確実4機、不確実1機、撃破1機の戦果を報じており、ガイルトンは飛行隊の整備班長であった。

第26戦闘飛行隊で1944年7月25日から、1945年1月25日の間に6機撃墜を報じたフィリップ・E・コールマン大尉は、第5戦闘航空群唯一のエースであった。写真では、航空群指揮官、「ビッグ・ジョン」・ダニング中佐より叙勲を受けている。対日戦終結後も予備役に留まったかれは朝鮮戦争に出征し、1952年に第4戦闘迎撃航空団、第335戦闘迎撃飛行隊のF-86で、ミグ15を4機撃墜、1機を撃破した。

り、第75戦闘飛行隊の数字は、本戦線のP-40部隊に典型的なものであった。4月の初め、同飛行隊は23機のP-40を保有していたが、6月1日までにその数は13機まで落ちていた。7月の1日には、11機に減り、8月、9月には若干増えた。同様に飛行隊は5月の中旬から、10月1日までにパイロット8名[他行方不明2名]を失ったが、1943年の同期間に失われたパイロットは2名だった。一方、第75戦闘飛行隊は1944年夏に、撃墜確実35機と数十機の不確実撃墜と、撃破を報じていた。

　第75戦闘飛行隊の指揮官、ドン・キーグリー少佐は、8月5日、衡陽の近くへ天候偵察に出た際にエースの地位を得た。最初、かれは一式戦の6機編隊を上空3600mに発見、次いで別の6機編隊が下方にいるのを見つけた。キーグリーは上昇して密雲に入り、つづいて上空掩護機のあいだを抜けて、下方編隊の単発爆撃機を攻撃した。かれが真うしろから射撃すると、その日本機は衡陽の滑走路の近くに墜落、その間にキーグリーはうまく逃げ出した。かれの運は5日後に尽きた。地上砲火を受けて墜落、捕虜になってしまったのである。キーグリーは終戦まで捕虜として過ごした[8月5日、第75戦闘飛行隊は新市で、九九襲撃機撃墜1機、一式戦撃墜2機を主張。6戦隊の九九襲撃機1機、衡陽飛行場に不時着炎上。25戦隊、新市で一式戦喪失1機(戦死)]。

　第75戦闘飛行隊の未来のエース、フォレスト・「パピー」・パーハム中尉は8月19日朝の戦闘機掃討の際、常陽地区で初撃墜戦果を報じた。以前は飛行教官を務めていたパーハムは、ジョー・ブラウン大尉の僚機として岳陽南東32kmで日本機に遭遇した。かれはブラウンの降下に追随し、単発爆撃機の後方に入って撃ち、短切な連射で墜落させた。上昇退避したP-40は一式戦に攻撃されたが、ブラウンは素早くその1機の後方に回り撃墜、その間にパーハム

は3600mまで上昇。そこでかれは、600mほど下方で、零戦32型と思しき日本機が1機のP-40を攻撃しているのを見つけた。パーハムは日本戦闘機の後方に降下し、発砲。射弾が命中しているのが見え、ウォーホークのパイロットはその機を2100mまで降下追跡、するとそこでパイロットは脱出した。パーハムは、第75戦闘飛行隊でさらに4機の撃墜戦果を記録することになる。最後の2機はP-51C型で落とした［8月19日、第23戦闘航空群は岳陽で、九九襲撃機撃墜1機、一式戦撃墜2機を主張。第75戦闘飛行隊は常陽で、P-40喪失1機（行方不明）。日本側損害なし］。

## ■芷江飛行場健在なり
### Holding Out at Chihkiang

1944年6月9日、桂林の陥落も間近になったとき、第5戦闘航空群は芷江の飛行場へと移動した。その2個飛行隊の警急待機詰所は滑走路の端にあり、第17、第27戦闘飛行隊共用の建物はもう一方の端にあった。第16、第75戦闘飛行隊が以前そうしていたように、第5戦闘航空群も見方識別を容易にするために、P-40N型のプロペラスピナーの前半分を白く塗っていた。桂林から北方に280kmほど離れた芷江は終戦まで、航空群の根拠地飛行場となり、1945年4月、5月にはそこで最終的に日本軍の進撃が阻止された。

当時、すでに創設から時間を経ていた第5戦闘航空群は、中国における最高のP-40部隊となっていた。その技量と攻撃精神への名望は、1944年7月14日、24日、28日に洞庭湖を越え、白螺磯の日本軍飛行場に対して行われた3回の低空襲撃で確立された。この3回の作戦で、航空群は合計64機の日本機を地上で確実に破壊、その他不確実31機、損傷24機を報じたうえ、2機を撃墜した。この戦果の代償はたった1機のP-40が撃墜され、もう1機が作戦中の事故で失われただけであった［7月14日、白螺磯、九九襲撃機1機、一式戦1機、補給車3台炎上（戦死6名、重傷16名）。24日、白螺磯、48戦隊一式戦6機炎上、3機大破。28日、白螺磯、在地機の大半を破壊される（詳細不明）］。

戦いは8月に入ってもつづき、航空群は79回の作戦出撃を行い、延べ566機を飛ばし、10機を撃墜した。第5戦闘航空群のパイロットはまた、577隻の木造平底船、72隻の発動機艇、249両のトラックの撃破をも報じた。

1944～1945年の冬、芷江で泥に足を取られた第5戦闘航空群、第27戦闘飛行隊のある飛行小隊の列線が次の作戦に備え、給油を受けている。手前のP-40N型「リル・バッグ」は、アーヴィング・A・「バッグ」・エリクスン少佐が使っていた。第27戦闘飛行隊の指揮官を務めていた1945年1月から4月の間、かれは撃墜2.5機を報じている。また対地攻撃の専門家として、2月だけでなんとトラック21両を撃破している。第27戦闘飛行隊は19445年の6月まで完全P-40装備だった最後の部隊であった。

芷江を基地とするこれら第17と、第27戦闘飛行隊のP-40N型は、集束破片爆弾を懸吊している。1944年の秋に撮影されたこの写真の一番手前の機は、第17戦闘飛行隊の「黒の765」である。うしろの3機は、最近戦場に到着した機体で、まだシャークマウスがチョークで描いた下書き状態である。一方、列線6機目の機首には「空飛ぶどくろ」が描かれており、同機が第80戦闘航空群から移籍された機体であることを示している。

　航空群唯一のエース、第26戦闘飛行隊のビル・コールマン大尉は、1944年9月21日に、かれの4機目、5機目の撃墜を報じた。急降下爆撃作戦に当たる6機のP-40の上空掩護を行う4機の一員であったかれは、下方の編隊を狙う8機の日本戦闘機を発見、小隊長であるボブ・ヴァン・オースダル少佐にそれを報せた。P-40は即座に日本戦闘機の編隊へと急降下、最初の攻撃航過で、後に零戦32型（おそらくは二式単戦）と識別された1機を落とした。低い高度において旋回戦闘に加わり、上昇退避する前に、2機の一式戦を損傷させたコールマンは、ついで後方から1機の一式戦が接近してくるのを発見した。
　ふたたびP-40の機首を突っ込み、かれは急降下で敵機の射程外へと逃れ、右への猛烈な180度の上昇旋回を行い、その一式戦に正面から立ち向かった。日本の操縦者はすぐ左に急上昇したが、2機のウォーホークの攻撃を受け、隼はコールマンの方へ舞い戻ってきた。かれはP-40を半横転させ、上方45度からの見越し射撃で一式戦を撃つと、黒煙を噴出し、主翼の付け根から炎を出し、傷ついた戦闘機は回りながら真っ直ぐ大地へ落ちていった。コールマンは芷江に帰る前に、別の一式戦をうまく撃ち、さらに不確実撃墜1機を報じた。
　この作戦では他にフランク・ルース大佐、第26戦闘飛行隊の指揮官ヴァン・オースダルが確実撃墜を報じた［9月21日、第5戦闘飛行隊のP-40、16機は、新市の北方で一式戦撃墜確実6機、不確実4機、撃破8機を主張。同じ空戦に参加した第75戦闘飛行隊のP-40、12機は一式戦撃墜確実2機、不確実に機、撃破5機を主張。25戦隊、湖南省、一式戦操縦者、少なくとも2名が戦死（詳細不明）］。
　コールマンは1945年1月14日、中国でさらに1機撃墜を報じ、総撃墜を6機に伸ばし［1月14日、漢口空襲、P-51喪失3機（生還2名、戦死1名）。25、48戦隊の一式戦が交戦、戦死4名］、1952年、朝鮮半島で、第4FIW［Fighter Intercepter Wing＝米空軍戦闘迎撃航空団］のF-86を以て、ミグ15をさらに4機撃墜した。
　フィル・コールマンが中国での最終戦果を報じる前に、P-40は第一線戦闘機としての寿命を終えた。1945年1月、中米混成航空団はウォーホークからP-51への装備改変をはじめ、その翌月、ウォーホークは最後の撃墜戦果を報

じた。2月8日、中米混成航空団、第26戦闘飛行隊のウェイ・シャンコウは護衛任務中、常陽付近で日本の輸送機キ57百式輸送機を発見した。中国パイロットは撃墜しようと、舞い降り襲いかかったが、敵機を見つけた輸送機は降下回避で、ウェイの狙いを外した。攻撃をしくじり、かれはふたたび攻撃位置につき、今度は敵機の機体と主翼の付け根に命中弾を放ち、発火させた。地面に激突するまで、落下傘で脱出した者は誰もいなかった[2月8日、日本側損害未確認]。

著者が確認しうる限り、ウェイ中尉の撃墜が、公認されたP-40による最後の戦果であった。中国で最後のウォーホーク(中米混成航空団、第5戦闘航空群、第27戦闘飛行隊)がP-51D型に改変されたのは1945年6月のことであった。カーチス戦闘機は中国・ビルマ・インド戦域で、長く善戦し、サメ、龍、どくろは、彩りも豊かに、航空史に特異な一章を記したのである。

# 付録
## appendices

### ■中国・ビルマ・インド戦域のP-40部隊

**第23戦闘航空群(米陸軍航空隊)**
第74戦闘飛行隊——1942年7月～1944年10月
第75戦闘飛行隊——1942年7月～1944年11月
第76戦闘飛行隊——1942年7月～1944年5月
第118戦術偵察飛行隊——1944年6月～1944年10月

**第51戦闘航空群(米陸軍航空隊)**
第16戦闘飛行隊——1941年6月～1944年11月
(1942年7月～1943年10月、第23戦闘航空群に派遣)
第25戦闘飛行隊——1941年6月～1944年11月
第26戦闘飛行隊——1941年6月～1944年8月

**第80戦闘航空群(米陸軍航空隊)**
第88戦闘飛行隊——1943年7月～1944年7月
第89戦闘飛行隊——1943年7月～1944年7月
第90戦闘飛行隊——1943年7月～1944年8月

**第3戦闘航空群(中米混成航空団～中国空軍)**
第7戦闘飛行隊——1943年10月～1945年1月
第8戦闘飛行隊——1943年10月～1945年4月
第28戦闘飛行隊——1943年8月～1945年3月
第32戦闘飛行隊——1943年8月～1945年3月

**第5戦闘航空群(中米混成航空団～中国空軍)**
第17戦闘飛行隊——1944年3月～1945年4月
第26戦闘飛行隊——1943年12月～1945年4月
第27戦闘飛行隊——1944年3月～1945年6月
第29戦闘飛行隊——1943年12月～1945年4月

注記:第10航空軍の第20戦術偵察飛行隊は、1944年1月から9月までP-40を使用し、確実撃墜1機を報じている。中国空軍の第4、第11戦闘航空群も、1942年から1945年にかけて、一部、P-40を装備していた。

### ■中国・ビルマ・インド戦域のP-40エース

| 氏名 | P-40での戦果 | 注記 |
| --- | --- | --- |
| ジョン・F・ハンプシャーJr大尉 | 13 | |
| ブルース・K・ホロウェイ大佐 | 13 | |
| ロバート・H・ニール | 13 | (13機とも米義勇航空群での戦果) |
| デイヴィッド・L・ヒル大佐 | 12.75 | (うち9.25機は米義勇航空群での戦果;P-51で2機撃墜) |
| チャールズ・H・オールダー中佐 | 10 | (10機すべて米義勇航空群での戦果;P-51でも8機撃墜) |
| ロバート・L・スコットJr大佐 | 10 | |
| ウィリアム・N・リード中佐 | 9 | (うち3機は米義勇航空群での戦果) |
| ジョン・S・スチュワート大尉 | 9 | |
| ロバート・T・スミス中佐 | 8.9 | (8.9機すべて米義勇航空群での戦果) |

| 氏名 | P-40での戦果 | 注記 |
| --- | --- | --- |
| アーサー・W・クルクシャンクJr少佐 | 8 | |
| エルマー・W・リチャードソン少佐 | 8 | |
| チャールズ・R・ボンドJr | 7 | (7機すべて米義勇航空群での戦果) |
| ジェイムズ・W・リトル大尉 | 7 | (朝鮮半島でもF-82で1機撃墜) |
| ジョン・D・ロンバード少佐 | 7 | |
| ウィリアム・L・ターナー少佐 | 7 | (2機は第5航空軍での戦果；P-400でも1機撃墜) |
| エドワード・F・レクター大佐 | 6.75 | (3.75機は米義勇航空群での戦果；P-51でも1機撃墜) |
| ジョン・R・アリソン中佐 | 6 | |
| フィリップ・E・コールマン大尉 | 6 | (朝鮮半島でもF-86で4機撃墜) |
| チャールズ・A・デュボア中尉 | 6 | |
| エドマンド・R・ゴス少佐 | 6 | |
| マーヴィン・ラブナー大尉 | 6 | |
| 蔵錫蘭大尉(中国空軍) | 6 | |
| C・ジョゼフ・ロズバート | 6 | (6機すべて米義勇航空群での戦果) |
| ジョン・R・ロッシ | 6 | (6機すべて米義勇航空群での戦果) |
| クリントン・D・ヴィンセント大佐 | 6 | |
| ジェイムズ・M・ウィリアムズ大尉 | 6 | |
| 王光復大尉(中国空軍) | 5.5 | (P-51でも1機撃墜) |
| スティーヴン・J・ボナーJr中尉 | 5 | |
| ジョン・G・ブライト少佐 | 5 | (うち3機は米義勇航空群での戦果；P-38でも1機撃墜) |
| ダラス・A・クリンガー大尉 | 5 | |
| マシュー・M・ゴードンJr大尉 | 5 | |
| ウィリアム・グロスヴェナーJr大尉 | 5 | |
| リン・F・ジョーンズ大尉 | 5 | |
| ロバート・L・ライルズ少佐 | 5 | |
| リンドン・O・マーシャル中尉 | 5 | |
| エドワード・M・ノルマイアー少佐 | 5 | |
| ロジャー・C・プリーアー大尉 | 5 | |
| ドナルド・L・キーグリー少佐 | 5 | |
| ロバート・H・スミス | 5 | (5機すべて米義勇航空群での戦果) |
| 譚鯤大尉(中国空軍) | 5 | |
| オラン・S・ワッツ大尉 | 5 | |
| アルバート・J・ボームラー少佐 | 4.5 | (スペイン内戦でも4.5機撃墜) |
| ジョージ・B・マクミラン中佐 | 4.5 | (4.5機すべて米義勇航空群での戦果；P-38でも4機撃墜) |
| ジョン・C・ハーブスト少佐 | 4 | (P-51でも14機撃墜) |
| ドナルド・S・ロペス中尉 | 4 | (P-51でも1機撃墜) |
| フォレスト・F・パーナム大尉 | 4 | (P-51でも1機撃墜) |
| ヘイワード・A・パクストンJr大尉 | 3.5 | (P-51でも3機撃墜) |
| ジョゼフ・H・グリフィン大尉 | 3 | (第9航空軍のP-38でも4機撃墜) |
| ジェイムズ・H・ハワード | 2.33 | (2.33機は米義勇航空群での戦果；第9航空軍のP-51でも6機撃墜) |
| サミュエル・E・ハマー中尉 | 2 | (P-47でも3機撃墜) |
| ヴィトルッド・A・ウルバノヴィッチュ少佐 | 2 | (英空軍のハリケーンでも17機撃墜) |
| グラント・マホーニー中佐 | 1 | (第5航空軍で4機撃墜；P-51でも1機撃墜) |
| ジョン・W・ボーヤード中尉 | 0 | (P-51で5機撃墜) |

**注記**：階級のないパイロットは民間人の身分で米義勇航空群に所属していた者と、第23戦闘航空群の戦力化を助けるために解隊後、2週間中国に留まった者。いくつかの資料ではメルヴィン・B・キンバル大尉、ウィルツ・P・シーグラ大尉、クライド・B・スローカムJr少佐をもエースとしている[中山雅洋氏は『中国的天空』で、さらに中国空軍の周志開(6機撃墜)、高又新(8機撃墜)を、P-40エースとしてあげている]。

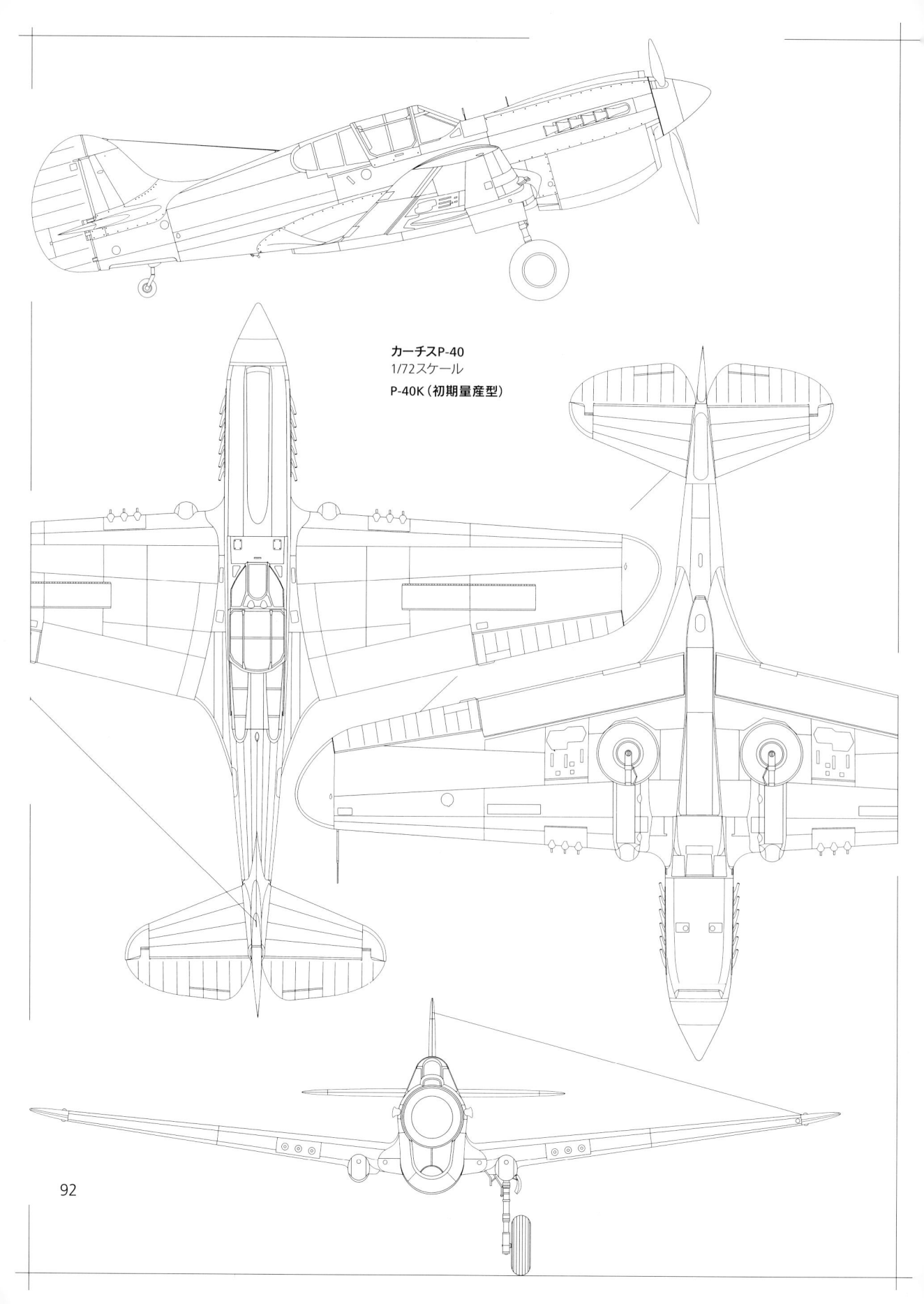

カーチスP-40
1/72スケール
P-40K（初期量産型）

P-40C

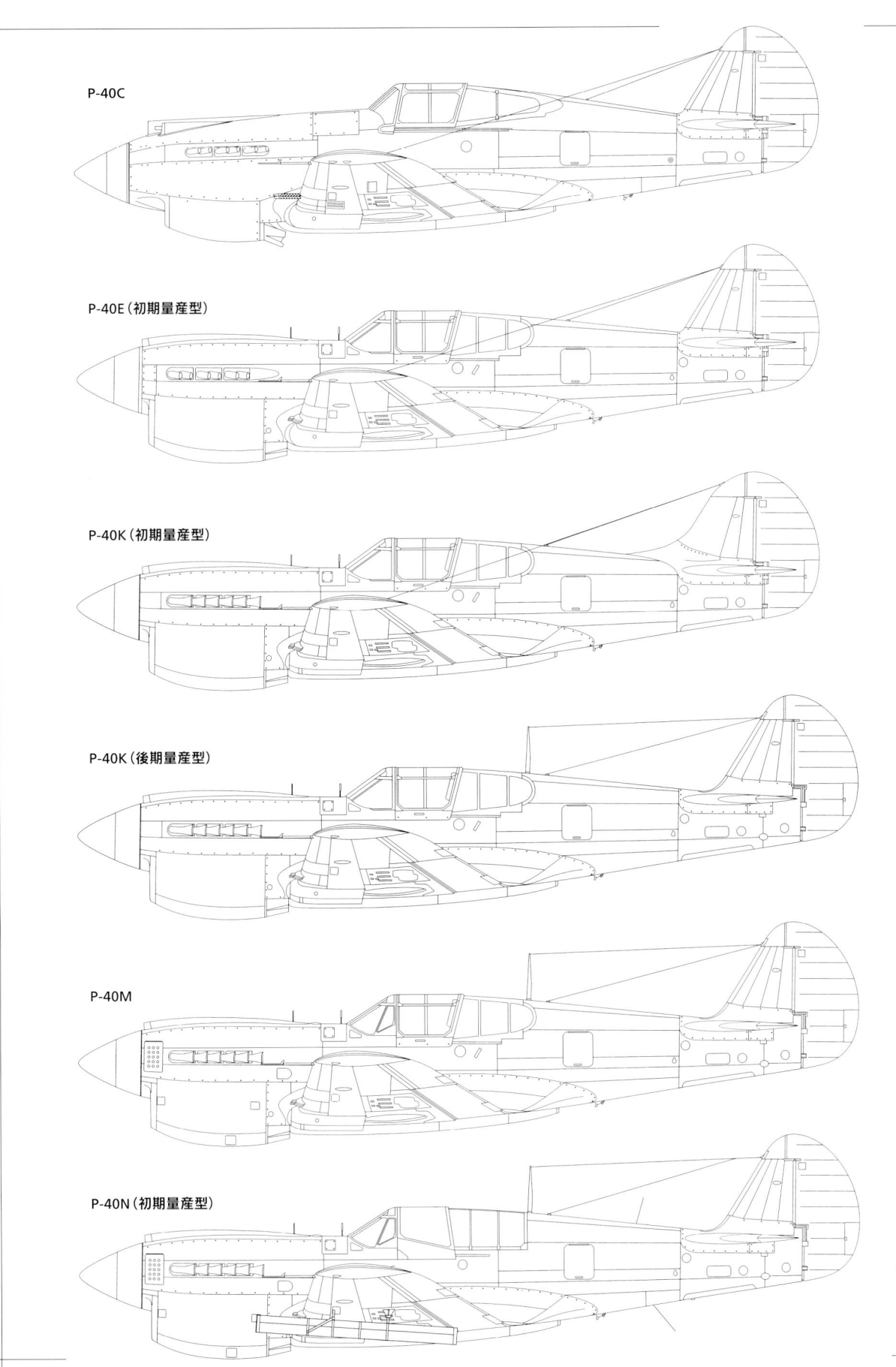

P-40E（初期量産型）

P-40K（初期量産型）

P-40K（後期量産型）

P-40M

P-40N（初期量産型）

## カラー塗装図　解説
### colour plates

**1**
ホーク81-A2　中国空軍シリアル番号P-8194　「白の7」
1942年7月　中国　桂林　第23戦闘航空群本部
ロバート・H・ニール

ニールは第1飛行隊長を務め、13機撃墜を報じた米義勇航空群随一のエースであった。1942年7月4日に米義勇航空群が解散した際に、十分な数の米陸軍航空隊パイロットが到着して第23戦闘航空群の戦力が充実するまでの2週間、中国に残留したパイロットのひとりであった。ニールは最後の撃墜戦果として、7月4日、衡陽上空で2機の不確実撃墜を報じている[7月4日、衡陽、54戦隊、九七戦喪失3機(戦死3名)]。1941年、ビルマに集合した米義勇航空群の1機、「白の7」号機はライトグレイの上にダークアースと、ダークグリーンを塗った米義勇航空群の標準迷彩を施している。米義勇航空群解隊後、本機は第75戦闘飛行隊に配備され、左翼上部と右翼下方の中国空軍の晴天白日マークは、米陸軍の白い星に塗り替えられた。しかし、「フライング・タイガーズ」の虎のマークと、第1飛行隊「アダム&イヴ」の標識は、第23戦闘航空群に移ってからも長い間残されていた。

**2**
P-40E (シリアル番号不明)　「白の104」　1942年7月4日
中国　桂林　第23戦闘航空群第76戦闘飛行隊指揮官
エドワード・F・レクター少佐

レクターは米義勇航空群の初交戦、1941年12月20日に昆明上空で撃墜1機を報じた。米義勇航空群の解隊に伴い、米陸軍の新編成された第23戦闘飛行群、第76戦闘飛行隊の指揮を任され、7月4日、衡陽上空で「白の104」号機を使って不確実撃墜1機を報じた。最初に米義勇航空群へ引き渡されたP-40E型の1機である本機は、ミディアムグレイの上に、ダークアースとダークグリーンで迷彩を施し、ディズニーがデザインした「フライング・タイガーズ」の転写マークが機体に貼られている。1942年12月上旬に、レクターが帰国する前後、戦友にしてエースであるブルース・ホロウェイ、「エイジャックス」・ボームラー、ジョン・アリソン等もたびたび「白の104」号で飛んでいた。図版は1942年12月の下旬にホロウェイが5機目を落としたときの状態に描かれている。レクターは1944年、中国に戻り、第23戦闘航空群の指揮官となった。

**3**
ホーク81-A2　中国空軍シリアル番号P-8156　「白の46」
1942年　中国　昆明　第23戦闘航空群第74戦闘飛行隊
トーマス・R・スミス中尉

スミスは第74戦闘飛行隊生え抜きの米陸軍パイロットのひとりであり、1942年9月8日にこの米義勇航空群譲りの機体で撃墜戦果を報じた。昆明から緊急出撃したかれは、高空で日本軍の高速双発偵察機を撃墜、この功績によって銀星章の叙勲を受けている。その他にスミスが報じた戦果は、1943年6月10日、衡陽での邀撃戦の際に報じた零戦不確実撃墜1機のみである[6月10日、衡陽へ追尾攻撃、90戦隊九九双軽1機喪失(戦死4名)。25、33戦隊の一式戦27機は全機帰還。P-40撃墜4機を主張。第74戦闘飛行隊は撃墜確実1機、不確実2機を主張。損害なし]。本機に描かれている赤い帯は、米義勇航空群、第3飛行隊時代のものだが、やがて第74戦闘飛行隊もそれを継承した。第23戦闘航空群は1943年春まで古いホークで飛び、生き残った機体は引き揚げられ、インドのマーリアで訓練用に使われた。

**4**
P-40E (シリアル番号不明)　「白の7」　1942年9月
中国　第23戦闘航空群指揮官　ロバート・L・スコット大佐

スコットは戦前からの米陸軍航空隊パイロットで、結局は中止されたB-17による日本本土爆撃に参加するため1942年春に、中国・インド・ビルマ戦域にやってきた。かれは、クレア・シェンノート准将によって、1942年の7月に第23戦闘航空群が編成されたとき、指揮官に選ばれ、1943年1月までその職に留まった。スコットがこのP-40E型で、5番目の戦果を報じたのは1942年9月25日、ハノイのジャラム飛行場攻撃の際であった。かれは本機を「古参害虫駆除師」[Old Exterminator]と呼んだが、この名が実際に本機へ書かれたことはない。「白の7」号機はニュートラルグレイにオリーヴドラブを塗り重ねているが、スコットが著した自叙伝『God Is My Co-Pilot』[邦題『フライング・タイガー』石川好美訳・朝日ソノラマ]で述べているシリアル番号は、知られている、いかなるP-40Eのものとも一致しない[またスコット大佐の戦果報告と一致する日本軍損害記録も見あたらない]。

**5**
P-40E-1　41-36402　「白の38」　1942年秋　中国　桂林
第23戦闘航空群第16戦闘飛行隊　ダラス・A・クリンガー中尉

ワイオミング州が生んだ唯一のエース、ダラス・クリンガーは、1941年夏、飛行学校から第51戦闘航空群の第16戦闘飛行隊に配属され、1942年7月、かれの飛行隊は一時的に第23戦闘航空群の傘下に入ることとなり、中国に移動した。1942年7月31日、かれとジョン・D・ロンバード中尉が衡陽上空で、23機の日本機を攻撃、零戦1機撃墜、1機撃破を報じたのが、クリンガーの初戦果であった。このP-40Eはほぼ間違いなく、西アフリカから中国・ビルマ・インド戦域への移送第1陣として、1942年5月10日、米海軍空母レンジャーから発進した68機のウォーホークの1機である。本機は砂色のダークアースと、ダークグリーンで下面はスカイで塗られている。青丸に白い星は第16戦闘飛行隊共通の標識である。1943年7月上旬、第74戦闘飛行隊に転属になったとき、クリンガーはP-40K「白の48」号機で飛んでおり、本機と同様、「HOLD'N MY OWN」[「あさがお」に狙いを定めろ]という言葉とともに、同じ漫画を両方向舵に描いていた。

**6**
P-40K-1　42-46263　「白の24」　1943年春　中国　霑益
第23戦闘航空群第16戦闘飛行隊　ジョージ・R・バーンズ中尉

バーンズはクリンガー同様、1941年夏、41-E期生として卒業し、第16戦闘飛行隊に配属された。かれは1942年11月12日、桂林上空の大空戦で初戦果を報じ、最後の2機はちょうど2カ月後、雲南駅上空で報じられ、総戦果は確実撃墜4機、不確実1機であった。「白の24」号機は、1942年7月から8月にかけて防空に大活躍した第16戦闘飛行隊に多いに鼓舞された、零陵の住民が贈った旗に入っていた図柄とよく似た「空の長城」部隊の標識をまとっている。この戦闘機はダークアース、ダークグリーン、ニュートラルグレイで迷彩され、米軍標識が描かれている[11月12日、25戦隊は零陵を攻撃、P-40、10機と交戦、撃墜2機、撃破2機を主張。損害なし。第16戦闘飛行隊のP-40、6機は零陵を離陸、日本戦闘機8機と交戦、撃墜2

機を主張。損害なし。1月12日、16日の雲南駅進攻に先立つ偵察機(81戦隊の司偵?)との交戦と思われるが、日本側損害未確認]。

## 7

P-40K-1　42-45232　「白の161」　1943年春　中国
**第23戦闘航空群第75戦闘飛行隊　ジョン・F・ハンプシャーJr大尉**
ハンプシャーは1942年10月、中国に派遣されるまで、第24追撃航空群に所属し、パナマ運河地区にいた。この覇気溢れるパイロットは、敵に対して時間を浪費することなく、10月25日にはもう最初の2機撃墜を報じ、11月12日には、さらに3機を追加、第75戦闘飛行隊で最初にエースの称号を獲得した。ハンプシャーはかれの全戦果をこの「白の161」号機であげたらしい。そして、かれは1943年5月2日、常陽の北方において本機で戦死した。機体はダークアースと、ダークグリーンで塗られ、下面はニュートラルグレイ、そして胴体には第75戦闘飛行隊の白帯が巻かれ、ハブキャップには赤／白／青の風車(三つ巴文様)が描かれている。ハンプシャーは戦死するまでに13機撃墜を公認され、中国、ビルマ、インド戦域のトップエースになっていた[11月12日、33戦隊は、零陵を襲う25戦隊と呼応して、桂林を攻撃、P-40と交戦、熾烈な対空砲火によって中破3機、負傷1名。喪失機なし。第16戦闘飛行隊は撃墜2機を主張。損害なし]。

## 8

P-40K-1(シリアル番号不明)　「白の162」　1943年春　中国
**第23戦闘航空群第75戦闘飛行隊　ジョセフ・H・グリフィン中尉**
グリフィンは1942年7月に第23戦闘航空群に配属された最初の米陸軍パイロットのひとりであった。かれが日本爆撃機を撃墜して、戦果獲得を開始したのは1942年11月23日、桂林上空からで、戦闘服務を終えるまでに中国で撃墜3機を公認された[11月23日未明、桂林、第16戦闘飛行隊P-40喪失1機(ロンバード大尉機が、八木准尉機の反撃で墜落、落下傘降下)、爆撃機撃墜3機を主張。90戦隊九九双軽2機喪失(戦死4名、捕虜2名)]。機体は標準的なダークアースと、ダークグリーン、ニュートラルグレイの塗装で、第75戦闘飛行隊の白帯が施され、ハブキャップに赤／白／青の三つ巴文様が描かれている。戦争初期に中国で戦った多くのパイロット同様、グリフィンは第2の戦闘服務を欧州戦線で過ごした。1944年夏、欧州で、P-38ライトニングを装備した第9航空軍の第367戦闘航空群、第393戦闘飛行隊で4機撃墜を報じた。P-40K同様、グリフィンはライトニングにも「ヘルザポッピン」[HELLZAPOPPIN]の愛称をつけた[[「ヘルザポッピン」は、1941年に全米興行成績ベストテンにランクされた、コメディ映画のタイトル]。

## 9

P-40K(サブタイプとシリアル番号は不明)　「白の152」
1943年春　中国　第23戦闘航空群第75戦闘飛行隊
**ジェイムズ・W・リトル中尉**
リトルは1943年1月から5月までのあいだに、7機の確定撃墜を記録し、朝鮮戦争開戦初期にはF-82ツインマスタングによる珍しい撃墜戦果を記録している。このP-40Kの機体番号は不明だが、いくつかの写真からある程度推定することはできる。機体はダークアース、ダークグリーン、ニュートラルグレイの塗装、第75戦闘飛行隊の白帯を巻き、主翼下面には「US ARMY」[合衆国陸軍]の文字が入れられている。1943年の後半、このP-40Kか、あるいは別の新しいK型の排気管の下、両側に「ポーコ・ロボ」[POCO LOBO=ちびおおかみ]の愛称が描き込まれ、第75戦闘飛行隊の「フライング・シャークス」[空飛ぶサメ]の標識が垂直安定板に描かれた。飛行隊の機付長、ビル・ハリス軍曹は、リトルの乗機のひとつに小さな飛行機に乗った「ペティ・ガール」[Petty girl;ピンナップ画家ジョージ・ペティ風の美人画の総称]のヌードを描いて、後になって消したことを回想している。「本部の誰かが、そういうのは戦闘機にふさわしくないと思ったんで、駄目になったんだ」と、ビルは筆者に話してくれた。

## 10

P-40K-1　42-45911　「白の111」　1943年春　中国
**第23戦闘航空群第76戦闘飛行隊指揮官**
**グラント・マホニー少佐**
マホニーは、1942年にフィリピンと、ジャワで撃墜4機を公認された、戦争初期の英雄のひとりだった。かれは1942年の後半に中国にやってきて、1943年1月に第76戦闘飛行隊の指揮を任された。勇猛な飛行と指揮ぶりで知られるかれは、1943年5月23日、宜昌で5機目の撃墜と、地上撃破2機の戦果を報じた。垂直安定板と方向舵に巻かれたマホニーのP-40Kの指揮官帯は太く、独特のものである。胴体の青帯は第76戦闘飛行隊の標準マーキングである。フライング・タイガーズの転写マークは後日追加されたものと思われる。1944年、マホニーは第1特任航空群とともに中国・ビルマ・インド戦域に戻り、三度目の戦闘服務では太平洋戦線に赴いたが、1945年1月3日、第8航空群の機銃掃射作戦時に戦死した。

## 11

P-40K(サブタイプとシリアル番号は不明)　「白の115」
1943年夏　中国　第23戦闘航空群第76戦闘飛行隊
**マーヴィン・ラブナー中尉**
「マーティ」・ラブナーは本機に、かれの好きな野球チーム「ブルックリン・ドジャース」に因んだ名[DEM BUMSというチームの愛称]をつけた。本機はニュートラルグレイと、オリーヴドラブ、以前かれが乗っていた初期型のP-40Kは、ダークグリーンと、ダークブラウンで機体に米義勇航空群の虎マークが着いており、機体番号は同じく「白の115」号であったが、機首の「DEM BUMS」の文字はなかった。ランバーの戦果6機は全部、1942年11月から1943年9月までに記録され、獲物はみな単発戦闘機であった。かれは、1945年、2回目の戦闘服務として第23戦闘航空群に戻り、「バーフライ」[Barfly=大酒飲み]と名付けたP-51Kに乗り、第118戦術偵察飛行隊の指揮をとった。ラブナーは第二次大戦末期の戦いで飛び、朝鮮戦争では第18FBWのF-86で21回の作戦出撃を行った。

## 12

P-40K-5(シリアル番号不明)　「白の1」　1943年8月　中国
**第23戦闘航空群指揮官　ブルース・K・ホロウェイ大佐**
ウェストポイント士官学校卒業のホロウェイは1942年5月、米義勇航空群を視察せよというはっきりしない命令を受けて、中国に到着した。かれはすぐにシェンノート将軍をうまく丸め込んで戦闘任務に就き、航空群が解隊される前に何度か出撃したが、何事もなかった。ホロウェイはその後まず、第23戦闘航空群の先任将校になって、ついで第76戦闘飛行隊の指揮をとり、最終的には第23戦闘航空群の指揮官となった。1943年8月24日、かれは13機目の撃墜戦果を報じ、ボブ・ニール、ジョン・ハンプシャーと3人並んで米軍のP-40トップエースとなった。ホロウェイは4つ星の将官として、1973年に退役した。オリーヴドラブと、ニュートラルグレイで塗られたこのP-40Kは、ホロウェイが使った後、ハブキャップに赤／白／青の三つ巴文様を描かれたらしい。本機は1943年9月8日の作戦で、フレッド・マイヤー中尉が飛行中にひどく撃たれ、ホロウェイは二度と本機で飛ぶことはなかった。

**13**
P-40K-5（シリアル番号不明）　「白の171」　1943年10月　中国
第23戦闘航空群第75戦闘飛行隊指揮官
エルマー・F・リチャードソン少佐

リチャードソンは初期のエースたちの多くと同様、1942年秋に、中国に来るまではパナマ運河地区で飛んでいた。かれが初戦果をあげるのは1943年4月1日、そして10月までにかれは6機撃墜のエースになると同時に、第75戦闘飛行隊の指揮官となり、指揮官帯が機体に描かれた。1943年12月、第23戦闘航空群本部に転属となったリチャードソンは最後の撃墜2機を報じ、総戦果は8機となった。リチャードソンのオリーヴドラブのP-40Kに見られる大きな塗り直しの痕は、1943年の秋、第23戦闘航空群が飛行隊番号を胴体から尾翼に移した際にできたものである。第75戦闘飛行隊は同時に、プロペラスピナーの先端部分を白く塗るようになった。本機は以前「白の171」番を胴体の白帯の前に入れていたが、それは垂直安定板に移された。またこのP-40はハブキャップの外側に白い輪を入れていた。

**14**
P-40M（サブタイプとシリアル番号は不明）　「白の185」
1943年秋　中国　第23戦闘航空群第75戦闘飛行隊
クリストファー・S・「サリー」・バレット中尉

バレットは、1942年12月、中国の露益で第75戦闘飛行隊に配属されるまで、1年間、第24戦闘飛行隊でペルーとパナマで飛んでいた。1943年7月26日、漢口への爆撃機護衛中、かれは最初の確実撃墜と、不確実撃墜1機を報じた。その4日後、日本軍が53機の大編隊で衡陽を攻撃した際に、かれの2番目、そして最後の戦果を報じた。第23戦闘航空群によるほぼ毎日といっていい戦闘出撃によって、航空群ははなはだしく消耗し、8月下旬には第75戦闘飛行隊での可動機は、バレットの「白の185」を含むたった10機となった。本機はP-40Mには珍しく、主翼武装は4挺であった（カーチス社からは6挺搭載で送り出された）。同戦域の多くのP-40M同様、本機も全面オリーヴドラブと、ニュートラルグレイで塗られ、一方、国籍標識はすぐに廃止になってしまった赤縁付きの星と帯である。

**15**
P-40K-5　42-9912　「白の400」　1943年12月　中国
第51戦闘航空群第16戦闘飛行隊指揮官　ロバート・ライルズ少佐

1942年5月10日、米海軍空母レンジャーから飛来した68名のパイロットのひとり、ライルズはカラチで第16戦闘飛行隊に配属され、1942年7月、中国に移動した。1942年7月30日、衡陽での部隊最初の戦闘で、ライルズは不確実撃墜1機を報じ、最初の確実撃墜は雲南駅上空で12月26日に報じた。ほぼ1年後の1943年12月18日、昆明の邀撃戦で、5機目、かれ最後の撃墜戦果を報じた。「デューク」[DUKE]と名付けられたかれのP-40K-5は、並外れて長い実戦寿命を保ち、1943年2月に飛行隊へ配属されて以来、1944年7月まで実戦配備に就いていた。この機体はハブキャップに星のマーキングを入れており、方向舵の「東条[首相]を爪で掴んでいる舞い降りる鷲」はライルズの機付長が描いたものである。かれは第16戦闘飛行隊長を務めているあいだに、スピナーの先端を白く塗るよう決めた。

**16**
P-40K-1　42-46242　「白の356」　1944年春　中国
第51戦闘航空群第16戦闘飛行隊　J・ロイ・ブラウン大尉

ブラウンは1943年6月、交代要員として第16戦闘飛行隊に配属され、9月20日の昆明邀撃戦の最中に最初の撃墜戦果を報じた。1944年6月に戦闘服務を終えるまで戦果をあげつづけ、確実撃墜3機、不確実3機、撃破1機を報じた。いくつかの出版物ではエース名簿に加えられているにもかかわらず、ブラウンは自分の確実撃墜は4機であると確言している。300番代の番号と、1943年秋に飛行隊の標識として決められた白いスピナー、撃墜マークは1944年春の時点のものである。ダークアース、ダークグリーン、ニュートラルグレイの迷彩はひどく汚れ、退色しており、右翼外側には大きな明るい塗り直し痕があり「白の356」号機が他部隊から移された機体であることを示している。

**17**
P-40N-15　42-106238　「白の367」　1944年夏　中国
第51戦闘航空群第16戦闘飛行隊　カール・E・ハーディJr中尉

ハーディは、飛行隊に配属されて数日を経ずして、1943年12月12日、衡陽上空の邀撃作戦で日本軍戦闘機1機を撃墜した。かれがあげた他の戦果は1944年8月29日、B-24の岳陽攻撃への護衛任務中に撃破した二式単戦撃破だけであった。1944年10月30日、D小隊を率いて桂林への機銃掃射中、地上砲火を受け、かれは「クレイウィン=キトゥン」[KLAWIN-KITTEN（クレイウィンの子猫）]をいたわりつつ、南寧の基地へと帰還。胴体着陸したが、かれ自身負傷もせず、機体も後に修理され戦列に復帰した。風防スライド部分に見える無塗装アルミ枠の野戦改造は、中国のウォーホークには珍しいものではなかった［8月29日、中米混成航空団および、第23戦闘航空群のP-51とP-40は、日本戦闘機撃墜15機を主張。米軍側損害不明。25戦隊一式喪失1機（戦死）、22戦隊四式喪失1機（戦死）、大破1機。P-40撃墜3機、P-51撃墜1機を主張］。

**18**
P-40E-1　41-36391　「白の54」　1942年秋　インド
ディンジャン　第51戦闘航空群第26戦闘飛行隊
アール・C・ビショップJr中尉

「デューク」・ビショップも米海軍空母レンジャーから飛来したパイロットで、1942年5月26日、カラチで第26戦闘飛行隊に配属され、飛行隊は9月にディンジャンへ移動、アッサムとビルマ上空での戦闘を開始した。かれが初めて交戦したのは、1942年10月31日、高空に飛来した日本軍の偵察機の邀撃を試みたときであったが、2時間にわたる追跡の後、取り逃がした。1年以上後、飛行隊が昆明に移動してから、ビショップは2回の邀撃戦に参加し、爆撃機2機の確実撃墜と、爆撃機1機と戦闘機1機の不確実撃墜を報じた。かれは1943年のはじめ、レンジャーから飛ばしてきたこのP-40E-1をディンジャンで胴体着陸して損傷させた。本機は色あせたダークグリーンと、ダークブラウン、ニュートラルグレイをまとい、主翼下面には米陸軍の文字が入れられている。

**19**
P-40K（サブタイプとシリアル番号は不明）　「白の82」
1943年夏　インド　第51戦闘航空群第26戦闘飛行隊
チャールズ・H・コルウェル大尉

またも米海軍空母レンジャーからのパイロット、「ハンク」・コルウェルは1942年7月、ディンジャンで第26戦闘飛行隊の前衛小隊のひとつに配属になり、飛行隊でもっとも重要な指揮官となった。かれ唯一の戦果、確実撃墜1機と撃破1機は、1943年2月23日、ディンジャンに対する日本軍の大空襲があった際に報じたものである。かれは少佐に進級した直後の1943年6月2日、要務飛行中に事故死した。「白の82」号機は特別に大きなシャークマウス（サメの口）を描いており「トム・コリンズ小隊」の標識を両方向舵に描いていた。本機の迷彩はダークブラウンと、ダークグリーン、ニュートラルグレイ

の標準的なものだった。

## 20
P-40K-5　42-9768　「白の225」　1943年12月　中国　昆明
**第51戦闘航空群第26戦闘飛行隊指揮官**
**エドワード・M・ノルマイアー少佐**

第26戦闘飛行隊最初のエースとなった「ビッグ・エド」・ノルマイアーはまた米海軍空母レンジャーからきた飛行隊の基幹パイロットのひとりだった。1942年10月26日、アッサム、ディグボイの近くで、かれは第26戦闘飛行隊3番目の確実撃墜戦果を報告した。1年後、少佐に進級し、飛行隊指揮官に昇進したノルマイアーは飛行隊を率いて昆明に進出し、第14航空軍の傘下に入った。中国進出に際して飛行隊は機首に黄色い帯を描き、胴体に入れられた2本の黄帯は飛行隊指揮官を示している。ノルマイアーが5機目、そして最後の撃墜戦果をあげた1944年初めには、もはやシャークマウスは飛行隊の標準塗装ではなくなっていた。「白の225」号機では、後に飛行隊標識を塗り残してシャークマウスが描かれたが、目玉は追加されなかった。ハブキャップには、赤と黄色の風車文様が入れられている。機体の「バッグス・バニー」は、ノルマイアーの以前の乗機、P-40E-1型「白の95」号機の方向舵に入れられていたものと同様、個人標識である。

## 21
P-40K-5　42-9734　「白の256」　1944年夏　中国　昆明
**第51戦闘航空群第26戦闘飛行隊　リンドン・O・マーシャル大尉**

「リン」・マーシャルは、1943年2月、交代要員としてディンジャンで第26戦闘飛行隊に加わり、年末には中国に移動した。最初の戦果は、1944年3月13日、海南島を襲うB-25の護衛中に報じられた[3月13日、海口飛行場の254空の零戦が邀撃。地上で中小破7機、格納庫焼失1。海南島を攻撃した第51戦闘航空群は二式単戦撃墜3機を主張。日本側損害未確認]。マーシャル最高の日は、4月5日に訪れた。基地を襲う日本戦闘機を邀撃するために5機のP-40を以て南寧を離陸したかれと小隊は、薄い雲の層を降下突破し、日本編隊を引き裂き、P-40を1機、空中衝突で失った代わりに8機を撃墜した。この日、かれは少なくとも4機を確実に撃墜、さらに不確実2機、撃破1機を報じた。中国・インド・ビルマ戦域のP-40エースらしくもなく、かれはダークグリーンと砂色のダークブラウン、そしてニュートラルグレイで塗られた機体に撃墜マークを描かなかった。しかし、彼自身の話によれば、ハブキャップには「シャムロック」[アイルランド国章のマメ科の植物]を描いていたという。

## 22
P-40K-5　42-9742　「白の209」　1944年夏　中国　雲南駅
**第51戦闘航空群第25戦闘飛行隊　チャールズ・J・ホワイト中尉**

1943年8月、ホワイトは最初の作戦出撃3回は第80戦闘航空群の一員として参加、その後、第25戦闘飛行隊に転属となり、翌月、雲南駅へと移動した。つづく14カ月のあいだに、かれは111回の作戦出撃を行い、B小隊の指揮官に昇進した。全期間を通して、本飛行隊は5回の空中戦闘を報じたのみであるが、運悪く、ホワイトはそのどれにも参加することができなかった。1944年11月3日の作戦で、ホワイトは左足に弾片を受け、翌月には帰国した。かれのP-40K、「ミス・ワナII世」[Miss Wanna II]は第25戦闘飛行隊が1943年9月に中国に持ち込んだ機体のひとつである。本機は機首の「アッサム・ドラッギンズ」の龍の口、方向舵のB小隊マーク、先端が赤い白のスピナーなど、部隊標識のすべてをまとめている。このウォーホークは、ダークグリーンと、ダークブラウン、そしてニュートラルグレイで塗られている。

## 23
P-40M（サブタイプとシリアル番号は不明）　「白の214」
1944年夏　中国　雲南駅
**第51戦闘航空群第25戦闘飛行隊　ポール・S・ロイヤー大尉**

ロイヤーが第25戦闘飛行隊の一員としてアッサムからの作戦飛行に参加し始めたのは1943年6月からで、10月1日、ハイフォンへのB-24護衛任務でかれは零戦不確実撃墜1機を報じた。ロイヤーのもっとも注目すべき戦果は、1943年12月19日、九九双軽1機を撃墜、ついでもう1機に空中衝突して落とした雲南駅邀撃戦で報じられた。この衝突で落ちたのは爆撃機だけではなく、ロイヤー機も墜落したが、かれは傷ついた戦闘機から脱出し、第25戦闘飛行隊での作戦勤務に戻ることができた。このP-40Mに描かれている3機の撃墜マークは、かれの最終戦果である2機撃墜、1機不確実を示しており、これは本飛行隊最高の個人戦果であった。胴体に引かれた斜めの白線は、かれが小隊長であることを示している。このP-40のハブキャップの外側にも白線が入れられている。

## 24
P-40N（サブタイプとシリアル番号は不明）　1944年夏　中国
雲南駅　「白の212」　第51戦闘航空群第25戦闘飛行隊
**フレッド・F・バーゲット中尉**

バーゲットは第80戦闘航空群、第89戦闘飛行隊のP-47で戦うために米国で訓練されにもかかわらず、インドでP-40装備の第25戦闘飛行隊に転属することになってしまったパイロットのひとりであった。1943年10月24日、ハノイへのB-24護衛任務中、バーゲットのP-40はエンジンの故障を起こし、チンミン付近で不時着することになった。かれは、新たに割り当てられたP-40Nに、パイロットを幾人か夕食に招いてくれた中国人医師の幼い娘に因んだ「シン・バオ」の名をつけた。塗装はオリーヴドラブ、暗い緑の斑点は工場を出たときすでに入っていた。下面はニュートラルグレイで、本機は白い円内にB[ビー]小隊を示す「蜂」[bee]を描いた標識を方向舵の両側に描いている。バーゲットの戦闘服務期間は別のP-40から脱出した際に両足を骨折した後、13カ月にわたる入院とリハビリのうちに終了した。現在バーゲットは、飛行機を2機確実にやっつけたんだけど「残念ながら、両機とも自分が乗ってる飛行機だったのさ」と、語るのが好きだ。

## 25
P-40N-1（シリアル番号不明）　「白の55」　1944年春　インド
アッサム　第80戦闘航空群第89戦闘飛行隊
**ハーバート・H・ダウティ少尉**

「ハル」・ダウティは6機のP-40と12名のパイロットを以てアッサム北部、サディアでハンプ西端を防衛する第89戦闘飛行隊、B小隊に配属された。1944年3月27日、他のP-40、3機とともにロバート・D・ベル中尉に率いられ、緊急出動、レド地区の連合軍飛行場に来襲した日本軍爆撃機を邀撃した。高度6000m付近で薄い雲の層を突破したP-40は、百式重爆と、零戦の混合編隊に遭遇した。この交戦によってダウティは零戦撃墜2機と、百式重爆撃墜1機、さらに撃破1機を報じたが、これが戦争中、かれが体験した唯一の空戦となった。かれの機体を含め、第80戦闘航空群に属するP-40N-1は全機、主翼に6挺の機関銃を備えていた。本機も第16戦闘飛行隊の機体のように、ハブキャップに星を入れている。赤いプロペラスピナーが第89戦闘飛行隊の所属機であることを示す決定的な特徴である。

## 26
P-40N-1　42-104590　「白の44」　1944年春　インド
第80戦闘航空群第89戦闘飛行隊　フィリップ・S・アデア中尉

フィル・アデアは中国・ビルマ・インド戦域の第89戦闘飛行隊での18カ月間の戦闘服務中に、139回の作戦出撃を行った。最初の126回は両機とも「ルル・ベル」[LuLu Belle]と名付けられた2機のP-40(N-1と、N-5)で、残り13回はP-47Dで行った。1943年12月13日、アデアはディンジャン基地攻撃の日本編隊邀撃に参加、確実撃墜1機と、撃破3機の戦果を公認された。1944年5月17日、かれの小隊がビルマのカマイン付近の橋(モガウン河)を爆撃した後、アデアは襲ってきた一式戦2機を撃墜した[5月17日、交戦したのは、サズップ飛行場攻撃を行いP-40撃墜4機を報じている204戦闘機と思われるが、一式戦に損害の記録なし]。アデアは白色タイヤ塗料をインドにもってきて、それを使って初代「ルル・ベル」の尾輪を含むタイヤに白線を入れた。ハブキャップには爆弾を運んでいる猛禽の漫画が描かれていた。

## 27
P-40N-1　42-104??4　「白の71」　1944年4月～7月　インド
モラン　第80戦闘航空群第90戦闘飛行隊
サミュエル・E・ハマー中尉

「ジーン」・ハマーは第80戦闘航空群の単発戦闘機パイロットで唯一、5機撃墜の戦果をあげた(同戦闘航空群、第459戦闘飛行隊のP-38によるエースについては、本シリーズ第13巻『太平洋戦線のP-38ライトニングエース』を参照を参照)。1944年の初め、アッサムで第90戦闘飛行隊に配属されたかれは、1944年3月27日、レド地区で飛行場を護る4機のP-40小隊の僚機として、初めて日本機に遭遇。20分間にわたる戦闘で、ウォーホークのパイロットたちは、それぞれ2機ずつの撃墜を報じた。ハマーが落としたのは両機とも百式重爆だった。ほぼ9カ月後、いまやP-47を飛ばしていたハマーは、第90戦闘飛行隊による本大戦最後の空戦によって二式単戦3機の撃墜を報じて、エースとなった。「ルース・マリー」[RUTH MARIE]の愛称をもつ使い古されたP-40N-1は、部隊がサンダーボルトに機種改変するまで、ハマーに割り当てられた専用機であったが、かれが最初の撃墜2機を報じた日に、この機に乗ってなかったのはほぼ間違いない。本機には以前「白の77」号機であった痕跡があり、また方向舵には破孔ふたつを修理した痕が誇らかに残されている。

## 28
P-40N-5　42-105009　「白の21」　1943年12月　中国　桂林
第23戦闘航空群第74戦闘飛行隊　ハーリン・L・ヴィドヴィチ大尉

ヴィドヴィチは、純血のアメリカ先住民パイウーテ族で、祖父ウォヴォカは「交霊舞踏」[Ghost Dance]運動の創始者である。かれの第74戦闘飛行隊による初作戦飛行は1943年5月の桂林からの出撃だった。6月10日、ヴィドヴィチが実りなき邀撃出動から戻り、衡陽に着陸しようとしていたとき、第2攻撃隊が飛行場に接近してきた。かれの小隊は着陸場周回行から上昇、零戦1機を攻撃、かれは不確実撃墜1機を公認された。ヴィドヴィチは1944年1月18日、悪天候による事故死を遂げるまでに、確実撃墜2機を報じている。かれのP-40N-5は、初期のウォーホークよりも大型の車輪とタイヤを装着しており、これは中国にいたP-40N初期型としてはありふれた野戦改修であった。

## 29
P-40N-5　42-105152　「白の45」　1944年6月　中国
第23戦闘航空群第74戦闘飛行隊指揮官
アーサー・W・クルクシャンク少佐

「アート」・クルクシャンクは第74戦闘飛行隊生え抜きのひとりであると同時に、同隊で初めてエースとしての戦果を報じたパイロットでもあった。6機を撃墜して1943年10月に戦時服務期間を終えたのち、翌年の5月に第74戦闘飛行隊の指揮をとるため中国に戻って来た。1944年6月15日、第74戦闘飛行隊の標識を両方向舵に着けた本機で飛行中、クルクシャンクはチューチョウの近くで地上砲火を受けた。かれは友軍地域で脱出、数日後には飛行隊に戻ってきた。1944年6月25日、クルクシャンクは最後の2機撃墜を報じ、総撃墜を8機に伸ばしたが、数日を経ずしてP-40N-20、シリアル番号43-22876で飛行中に二度目の撃墜を経験することになった。ふたたび、日本軍に捕われることを免れたが、8月に飛行隊に戻ってくると、帰国することになってしまった[6月25日、第74、第75戦闘飛行隊、衡陽で九九艦爆2機、零戦1機撃墜を主張。6戦隊の九九襲撃機は一式戦の直掩下、衡陽攻撃。九九襲撃機喪失1機。戦闘機隊損害なし]。

## 30
P-40N (サブタイプとシリアル番号は不明)　「白の46」
1944年夏　中国　陸良第23戦闘航空群第74戦闘飛行隊指揮官
ジョン・C・ハーブスト少佐

「パピー」・ハーブストはカナダ空軍での欧州戦線勤務の後、1944年春、中国に到着した。かれは当初、第76戦闘飛行隊に所属して飛んでいたが、1944年6月30日、クルクシャンク少佐が撃墜されると、第74戦闘飛行隊の指揮官に任命された[6月30日、25戦隊一式戦23機、6戦隊九九襲撃機を掩護して衡陽に進攻、P-40撃墜1機を主張]。ハーブストはマスタングのエースとしてもっともよく知られているにもかかわらず、1944年の夏中、このP-40Nで飛んでいた。8月8日、かれはウォーホークの3個小隊を率いて、衡陽上空で日本編隊と遭遇、ハーブストは一式戦2機を撃墜してエースになった[8月8日、48戦隊一式戦19機、衡陽制空中、P-40と交戦、一式戦3機喪失(戦死3名)]。かれは撃墜18機を以て終戦を迎えたが、1946年7月4日、カリフォルニアのサンディエゴで独立記念日の航空ショーのためにP-80ジェット戦闘機の事故で死去した。ハーブストが乗った戦闘機はみな、誇らしげに、かれの子息の名「トミー」[Tommy]と名付けられていた。

## 31
P-40N-20　43-23661　「白の38」　1944年夏/秋　中国　漢中
第23戦闘航空群第74戦闘飛行隊　ジョン・W・ボーヤード中尉

ボーヤードは1944年の最初の10カ月、第74戦闘飛行隊でP-40を飛ばしており、その間に地上撃破1機を報じていた。かれのP-40Nは成都で、第81戦闘航空群第91戦闘飛行隊から移された機体である。同飛行隊で方向舵に斜めの白線が描かれたが、垂直安定板には第74戦闘飛行隊の機番が入れられている。1944年9月30日、南昌飛行場に対する機銃掃射作戦の後、衡陽へ着陸した際にボーヤードはこのP-40をグラウンド・ループさせてしまった。かれは戦果をあげつづけ、1944年11月と、12月にP-51C型で5機撃墜を報じた(詳細は「Osprey Aircraft of the Aces 26——Mustang and Thunderbolt Aces of the Pacific and CBI」を参照)。

## 32
P-40N-20　43-23400　「白の175」　1944年8月　中国　桂林
第23戦闘航空群第75戦闘飛行隊指揮官
ドナルド・L・キーグリー少佐

ドン・キーグリーは1944年1月、中国に移動するまで、アッサムの第80戦闘航空群第90戦闘飛行隊で24回の作戦飛行を行っていた。1944年6月、かれは第75戦闘飛行隊の指揮官に任命され、7月5日、

トゥンチェンを攻撃するB-25を護衛中に一式戦確実撃墜1機、不確実1機、撃破2機を報じたのが初戦果だった［7月5日、B-25護衛の第75戦闘飛行隊P-40、8機は衡陽で空戦、一式戦撃墜2機を主張、P-40喪失1機(捕虜)、胴体着陸1機(負傷)。25戦隊、衡陽でB-25護衛中の8機のP-51と交戦、一式戦1機喪失(戦死)］。キーグリーは1944年8月4日、5日に4機目、5機目の戦果を報じたが、その5日後、妻の名である「アイリーン」[Irene]と名付けた本機で飛行中、衡陽の北部で撃墜されてしまった［8月4日、第23戦闘航空群P-40、衡陽で九九艦爆撃墜1機を主張。衡陽攻撃の6戦隊、44戦隊九九襲撃機操縦者、各1名が戦死。8月5日、キーグリー少佐は衡陽で九九艦爆撃墜1機を主張。6戦隊、44戦隊の損害は不明］。キーグリーは脱出後、すぐ日本軍に捕らえられ、それから13カ月間を、漢口、上海、日本列島、北海道の札幌にある捕虜収容所で過ごすことになった。

## 33

P-40N-20　43-23266　「白の194」　1944年7月　中国　桂林
第23戦闘航空群第75戦闘飛行隊　ドナルド・S・ロペス中尉

ドナルド・ロペスは1943年11月、代替パイロットとして第75戦闘飛行隊に配属された。1943年12月12日、かれは衡陽の近くで、空中衝突によって一式戦1機を落としたが、この衝突でかれのP-40Kも翼端を切り取られた。1944年11月までに、ロペスは5機撃墜、5機撃破を報じた(すべて一式戦)。1944年6月中旬、桂林で地上滑走中、本機は機首をP-51の翼端にぶつけた。この事故の後「ロペス・ホープ」[LOPE'S HOPE]の名前がこのP-40のカウリングの上部に追加された。

## 34

P-40N(サブタイプ、シリアル番号不明)　「白の165」
1944年秋　中国　漢中　第23戦闘航空群第75戦闘飛行隊
フォレスト・F・バーハム中尉

兵隊上がりの「パピー」・バーハムは1944年7月、桂林で第75戦闘飛行隊に配属された代替パイロットとしては最年長であった。当時、かれの飛行隊は湘江の河谷に沿って進む日本軍と激しく戦っており、バーハムも1944年8月19日、岳陽上空で、一式戦1機を撃墜、初戦果を記録した。翌月、バーハムは部隊とともに芷江へ退却、そこでかれは戦果を撃墜5機、不確実2機、撃破5機にまで伸ばした。かれのP-40の風防のスライド部分に縦枠が一本追加されているのに注意。バーハムは自分の戦闘機にはいつも「リトル・ジープ」[Little Jeep]の名をつけた。

## 35

P-40N-5　42-105427 (中国空軍シリアル番号P-11139)
「白の646」　1944年春　中国　桂林　中米混成航空団
第3戦闘航空群第32戦闘飛行隊指揮官
ウィリアム・M・ターナー少佐

1942年、ジャワとニューギニアでターナーは最初の3機を撃墜、1943年12月、戦闘任務に戻ったかれは中米混成の第32戦闘飛行隊を率いて桂林からの作戦出撃を行った。12月23日、広東上空で二式単戦1機を撃墜し、かれは早々に自分の戦闘経験を披露した［12月23日、広東、第32戦闘飛行隊、零戦、二式単戦6機撃墜を主張、P-40喪失2機(2名行方不明)。85戦隊二式単戦喪失1機(戦死)］。1944年8月25日の二式単戦1機撃墜を以て、かれは8機撃墜で戦果を締めくくった［8月25日、第32戦闘飛行隊は二式単戦撃墜3機を主張、損害なし。9戦隊二式単戦喪失1機(戦死)］。ターナーは1944年12月19日、落下傘降下で脚を折るまで前線で飛んでいた。このP-40N-5は1944年6月6日、衡陽で地上撃破された。中米混成航空団の他機同様、本機も中国空軍の所属機であったため、中国

空軍の標識を着けている。中米混成航空団のP-40は主翼下面に国籍マークを着けていない。

## 36

P-40N-20　中国空軍シリアル番号P-11461　「白の660」
1944年8月　中国　梁山　中米混成航空団
第3戦闘航空群第7戦闘飛行隊指揮官　ウィリアム・N・リード中佐

ビル・リードは長く戦いつづけていた。かれは1941年12月20日、米義勇軍の一員として昆明上空で初戦果を報じたのである。かれの同航空群での最終的な総戦果は撃墜3機、地上撃破7機であった。かれは1944年春、第7戦闘飛行隊の副指揮官として中国に戻り、同部隊では、1944年10月27日、荊門での戦果を最後に、確実撃墜6機、不確実3機を報じた。リードはターナーが脚を折ったのと同じ夜、落下傘降下で死亡した。カウリングの「ボズズ・ホス」[BOSS'S HOSS＝ボスのお馬]は映画女優、アン・シェリダンと、その米国慰問団[USO(United Service Organizations) Troup]の隊員が、1944年8月20日、梁山で描いたものである。機付長、ホーマー・ナンレイは「ジャグズ・プラグ」[Jug's Plug＝水差しの栓]の愛称を本機の機首右側に入れている。口の端が上がったシャークマウスは第7戦闘飛行隊の特徴だが、スピナーを白く塗っていたのはリード機のみであった。

## 37

P-40N-5　中国空軍シリアル番号P-11151　「白の663」
1945年1月　中国　老河口　中米混成航空団
第3戦闘航空群第7戦闘飛行隊　王光復大尉

第7戦闘飛行隊の小隊長、王は1939年、シェンノートの中国空軍飛行学校で飛行資格を得た。かれは1944年6月25日に初戦果を記録、その後も戦果をあげつづけ、6.5機撃墜で中国空軍、中米混成航空団のトップエースとなった。かれの機体の異名、漢字で書かれた「太公今」は中国王朝の英雄的な宰相であった偉大な老指揮官を表している[太公は中国語で祖父あるいは、高齢者への敬称]。本機は1944年5月7日、梁山で着陸事故を起こし損傷、修理後、1945年1月、老河口でふたたび壊れた。胴体後半に入れられた「白のI3」は第3戦闘航空群で時々使われた飛行隊ごとの機体番号記入法に従ったものである。

## 38

P-40N-15　中国空軍シリアル番号P-11249　「白の681」
1944年8月　中国　梁山　中米混成航空団
第3戦闘航空群第8戦闘飛行隊　レイノルズ・L・キャラウェイ大尉

レイ・キャラウェイは1943年、中国・インド・ビルマ戦域に戦闘員として配置されるまでは米国でP-47の教官を務めていた。かれはメイリアーでの第8戦闘飛行隊の訓練を手伝い、飛行隊とともに1944年初めに中国へも移動した。1944年6月9日、キャラウェイは宜昌上空で一式戦確実撃墜1機、不確実1機を報じたが、これがかれの初戦果だった。1944年9月17日、かれは益陽付近で、コイド・ヨスト大尉と一式戦1機を協同撃墜、かれの最終撃墜戦果は6機撃墜、不確実1機、撃破2機となった［6月9日、宜昌、48戦隊一式戦喪失1機(戦死)。9月17日、益陽、11戦隊一式戦喪失1機(戦死)、大破1機、不時着1機(エンジン故障、自決)。第3戦闘航空群、一式戦撃墜2機を主張］。「シャーリーII世」[SHIRLEY II]は1944年の初夏、中米混成航空団の第5戦闘航空群からキャラウェイの部隊に移された機体であった。胴体の「白のO3」が本機が第8戦闘飛行隊の所属機であることを示している。一方、第5戦闘航空群に所属中は方向舵へ、この飛行隊特有のぼやけた灰色のマーキングに「黒の745」を入れていた。

## 39
P-40N（サブタイプとシリアル番号は不明）「黒の726」
1944年夏/秋　中国芷江　中米混成航空団
第5戦闘航空団本部　ジョン・A・ダニング大佐

もと射撃教官「ビッグ・ジョン」・ダニングは、1944年3月に最初の2個飛行隊を率いてハンプを越えてきたとき、第5戦闘航空群の指揮官代理を務めていた。かれは8月中に撃墜2機を報じ、11月5日には第5戦闘航空群の指揮官に任命された。最初に第5戦闘航空群に割り当てられたP-40の1機であった「黒の726」にはダニングの妻に因んだ名[Sam]が着けられた。また、空にあるときに、見慣れたP-40の外形をごまかすため、ぼやけた灰色の塗装を施した。この薄くてぼやけた灰色はスピナー、主翼前縁、翼端、水平安定板の端、方向舵に楔状に塗られている。この塗装は非常に効果的で、最初の数週間のうちに何機かが、友軍のP-40から攻撃を受けたほどであった。ぼやけた灰色は、本機を除く全P-40で、すぐに塗りつぶされた。

## 40
P-40N（サブタイプとシリアル番号は不明）「黒の767」
1944年夏/秋　中国　芷江　中米混成航空団
第5戦闘航空群第17戦闘飛行隊　ウイリアム・K・ボンヌー大尉

第17戦闘飛行隊で小隊長を務めていたボンヌーは1944年6月から11月までに、確実撃墜4機、不確実1機、撃破1機を報じた。かれのP-40の尾翼番号は確実なものではないが、ボンヌーが後に第17戦闘飛行隊の指揮官として乗っていたP-51のマーキングを参考に再現した。本機と、ボンヌーのマスタングは、かれとルームメイト、飛行隊の技術将校ジーン・ジャイルトン中尉によって「ジョーン・ドゥードゥー」[JO'n DO DO]と名付けられていた。当時のボンヌーのガールフレンドの名がジョゼフィーン、ジャイルトンの妻はドリスといった。1983年、ジャイルトンはこの妙な愛称の由緒を筆者に話してくれた。「ある夜、割り当てのジン・バオ・ジュースを飲みながら、わたしとボンニーは飛行機へ、やつのガールフレンドとわが妻に対する情愛を確かにするために、彼女等に因んだ名前をつけようと決めた」。そんなわけで「ジョーン・ドゥードゥー」が生まれた。その後、別のパイロットが乗っていたときに、この機体は着陸事故で破壊された[ジン・バオ・ジュース(Jing Bao Juice)は潰した米を発酵させて造る現地の酒にAVGがつけたスラング。「警戒態勢」を意味する中国語の音からその名が採られた]。

### ■翻訳の参考資料
翻訳及び、訳注を作成するに当たって、以下の資料を参照させていただきました（順不同）。

『日本陸軍戦闘機隊』　秦郁彦・伊沢保穂　酣燈社　1984年
『第二次大戦　世界の戦闘機隊　付エース列伝』　酣燈社　1987年
『日本陸軍重爆隊』　伊沢保穂　現代史出版会　徳間書店　1982年
『日本陸軍航空隊のエース　1937-1945』　ヘンリー・サカイダ　大日本絵画　2000年
『戦史叢書　中国方面陸軍航空作戦』　防衛庁防衛研修所戦史室　1974年
『戦史叢書　1号作戦〈2〉湖南の会戦』　防衛庁防衛研修所戦史室　1974年
『戦史叢書　中国方面海軍作戦〈2〉』　防衛庁防衛研修所戦史室　1974年
『戦史叢書　ビルマ・蘭印方面　第3航空軍の作戦』　防衛庁防衛研修所戦史室　1972年
『太平洋航空史話　上』「知られざる南寧上空の空戦」　秦郁彦　中公文庫　1995年

『栄光加藤隼戦闘隊』　安田義人　朝日ソノラマ文庫版航空戦史シリーズ　1986年
『加藤隼戦闘隊の最後』　粕谷俊夫　朝日ソノラマ文庫版航空戦史シリーズ　1986年
『双発戦闘機　屠龍』　渡辺洋二　朝日ソノラマ文庫版航空戦史シリーズ　1993年
『フライング・タイガー』R・L・スコット　石川好美訳　朝日ソノラマ文庫版航空戦史シリーズ　1988年
『1941・12・20　アメリカ義勇航空隊出撃』　吉田一彦　徳間書店　1998年
『陸軍航空の鎮魂』『続陸軍航空の鎮魂』　航空碑奉賛会　1968年
『栄光隼戦隊』飛行第64戦史　関口寛・他　今日の話題社　1975年
『飛行第90戦隊史』　村井信方(編)　あずさ書店　1981年
『司令部偵察飛行隊　空から見た日中戦史』　河内山譲　叢文社　1988年
『飛行第50戦隊誌(中)』　飛行第50戦隊戦友会　1994年
『続々　翔魂』　愛知県少飛会　平成3年
『蒼空の河　穴吹軍曹「隼」空戦記録』　穴吹智　光人社NF文庫　1996年
『続・蒼空の河　穴吹軍曹「隼」空戦記録』　穴吹智　光人社NF文庫　2000年
『九七重爆空戦記』　久保義明　光人社NF文庫　1997年
『加藤隼戦闘隊の最後』　宮辺英夫　光人社NF文庫　1998年
『つばさの血戦　かえらざる隼戦闘隊』　檜與平　光人社NF文庫　1995年
『ああ隼戦闘隊　かえらざる撃墜王』　黒江保彦　光人社NF文庫　1993年
『悲劇の戦場　ビルマ戦記丸別冊・飛行第8戦隊とビルマ航空戦』　鈴木農富男　潮書房　1983年

『丸エキストラ7月号別冊　戦史と旅5　陸軍戦闘機の世界』　潮書房　1997年
『丸エキストラ11月号別冊　戦史と旅13　陸軍航空作戦の全貌』　潮書房　1998年
『エアワールド』「中国的天空」　中山雅洋　第25章～第33章　2000～2001年
『コンサイス外国地名辞典　改訂版』　三省堂編修室編　三省堂　1985年
『中国地名録-中華人民共和国地図集地名索引』　中国地図出版社　1997年

Eric Hammel. AIR WAR PACIFIC AMERICAN AIR WAR AGAINST JAPAN IN EAST ASIA AND THE PACIFIC 1941-1945 CHRONOLOGY, Pacifica Press, 1998.
Carl Molesworth & Brassey. SHARKS OVER CHINA The 23rd Fighter Group in World War II, 1999.
Carl Molesworth. WING to WING AIR COMBAT IN CHINA 1943-45, ORION BOOKS, 1990.
Daniel Ford, FLYING TIGERS Claire Chennault and the American Volunteer Group, Smithsonian, 1991.
Carroll V.Glines. CHENNAULT'S FORGOTTEN WARRIORS The Saga of the 308th bomb group in China, Schiffer Military History, 1995.
Christopher Shores and Brian Cull with Yasuho Izawa. BLOODY SHAMLES Vol.2, Christopher Shores and Brian Cull with Yasuho Izawa, Grub Street, 1996

ACKNOWLEDGEMENTS

The author offers his sincere thanks to the many veterans of service in the　China-Burma-India Theatre who provided the photographs, documents and　personal recollections that made this book possible. They are;

23rd FG－George Barnes, Sully Barrett, Jack Best, Hollis Blackstone,  Dallas Clinger, Art Chuikshank, Hanry Davis, Victor,  Gelhausen, Joe Griffin,  Bill Grosvenor,  Bill Harris,  Bill Hawkins, Tex Hill, Don Hyatt, Bruce Holloway, Bill Johnson, Luther Kissick, Leon Klesman, Jim Lee, Marvin Lubner, Don Lopez, Ward McMillen,Forrest Perham, Don Quigley, Ed Rector, Elmer Richardson, John Rosenbaum G H Steidle, John Stewart, Dick Templeton, Don Van Cleve, Art Waite, John Wheeler and J M Williams.

51st FG－Fred Altiere, Dale Bleike, Lyle Boley, Roy Brown, Fred Burgett, Bob Conden, Helvey Elling, Bill Evans, Tom Glasgow, Clair Goddard, Jack Hamilton, Hazen Helvey, Francis Hairchert, Ken Hoylman, K C Hynds, Bob Liles, Lynn Marshall, Jack Muller, Ed Nollmeyer, Bill Norberg, Paul Royer, Roy Santin, Gordon Spensce, Charles Streit, Stan Strout, Jim Thorn, Charlie Urquhart, Paul Wedlan and Charles White.

80th FG－Phil Adair, Hai Doughty, Bob Gale, Bill Harrell, Pat Randall, Harland Runninng, Dodd Shepard and Ralph Ward.

CACW－Bill Bonneeaux, Glenn Burnham, Ray Callawey, Bill Colman, Dick Daggett, Gene Girton, John Hamre, Jim Kidd, Armit Lewis, S Y Riu, Charles Lovett, Bill Mustill, Hormer Nunley, E J Phillipps, Santo Savoka, Windy Stiles and Charles Wright.

Others who contributed material include Jack Cook, Jane Dahlberg, D J Klaaasen, Steve Moseley, Ed Reed and Dwayne Tabatt.

I also would like to recognise the work of authors John M Andrade, Martha Byrd. Wanda Cornelius, Daniel Ford, F F Liu, Steve Muth, Frank Olynyk, Malcolm Rosholt, Kenn C Rust, Duane Schultz and Thayne Short.

Fainally, the Air Force Historical Resarth Agency and Maxwell Air Force Base provided invaluable historical records compiled by the units involved.

◎著者紹介 | カール・モールズワース　Carl Molesworth

「American Aviation Historical Society」会員。1980年代から、第二次大戦における中国・ビルマ・インド戦域の米陸軍航空隊の空戦史戦を研究。これまで出版が限られていた同戦域について、当時を戦ったパイロットたちの多くに取材し、米陸軍「第23戦闘航空群」の戦史、中国と米陸軍の混成部隊である「中米混成航空団」の戦史を刊行する。

◎訳者紹介 | 梅本 弘（うめもとひろし）

1958年茨城県生まれ。武蔵野美術大学卒業。著書にフィンランド冬戦争をテーマにした『雪中の奇跡』、1944年夏のソ連軍大攻勢で奮戦するフィンランド陸空軍の戦記『流血の夏』（ともに大日本絵画刊）のほか、『ビルマの虎』『逆襲の虎』（以上、カドカワノベルズ刊）、『エルベの魔弾』（徳間書店刊）。訳書に『空対空爆撃戦隊』『SS戦車隊』（上・下）『フィンランド空軍戦闘機隊』『フィンランド上空の戦闘機』（以上、大日本絵画刊）がある。本シリーズでは「第二次大戦のフィンランド空軍エース」「日本陸軍航空隊のエース 1937-1945」の翻訳も担当。現在、「ビルマ航空戦」を執筆中。

オスプレイ・ミリタリー・シリーズ
世界の戦闘機エース **21**

## 太平洋戦線の P-40ウォーホークエース

| 発行日 | 2002年5月10日　初版第1刷 |
|---|---|
| 著者 | カール・モールズワース |
| 訳者 | 梅本 弘 |
| 発行者 | 小川光二 |
| 発行所 | 株式会社大日本絵画<br>〒101-0054 東京都千代田区神田錦町1丁目7番地<br>電話：03-3294-7861<br>http://www.kaiga.co.jp |
| 編集 | 株式会社アートボックス |
| 装幀・デザイン | 関口八重子 |
| 印刷/製本 | 大日本印刷株式会社 |

©2000 Osprey Publishing Limited
Printed in Japan
ISBN4-499-22779-8 C0076

P-40 Warhawk Aces of the CBI
Carl Molesworth
First published in Great Britain in 2000,
by Osprey Publishing Ltd, Elms Court,
Chapel Way, Botley, Oxford, OX2 9LP.
All rights reserved.
Japanese language translation
©2002 Dainippon Kaiga Co., Ltd.